Weilnhammer

Metallographie für den Praktiker

Makroskopische Werkstoffuntersuchungen an Schweißverbindungen und anderen Bauteilen

Leitfaden für einfache metallographische Untersuchungen

Bibliografische Information Der Deutschen Nationalbibliothek
Die Deutsche Nationalbibliothek verzeichnet diese Publikation in der Deutschen Nationalbibliografie; detaillierte bibliografische Daten sind im Internet über htttp://dnb.dnb.de abrufbar.

Die Schweißtechnische Praxis
Band 38

ISBN 978-3-945023-65-5

Herstellung: Druckerei Thiebes GmbH, Hagen

Vorwort

Die makroskopische Gefügeuntersuchung lässt sich oft schnell und einfach durchführen. Sie gibt dem Prüfer in vielen Fällen wichtige und ausreichende Informationen über das Produkt. Diese Untersuchungen können in der Regel leicht und mit wenig Aufwand vor Ort (zum Beispiel an der Produktionsstätte, in der Werkstatt oder auf der Baustelle) oder auch in einfach ausgestatteten Laboratorien durchgeführt werden.

Anwendungsgebiete sind

- die Fügetechnik (Schweißen, Löten, Nieten): zur Sichtbarmachung der verschiedenen Zonen einer Schweißverbindung und zur Beurteilung der Nahtqualität. Auch zur Herstellung von Kerbschlag-, Biege- oder Zugproben, deren Kerben exakt in der Schweißnaht liegen müssen; hier ist es notwendig, die Position der Schweißnaht nach der Vorbearbeitung in der Werkstatt genau zu wissen;
- die Untersuchung von Bauteilen, die eine mit dem bloßen Auge wahrnehmbare Grobstruktur aufweisen wie Gusskristalle, Schmiedefasern, Härtezonen, Makroseigerungen, Wärmeeinflusszonen oder örtlich begrenzte starke Verformungen;
- die Schnellbestimmung bestimmter Legierungsbestandteile bei verschiedenen Werkstoffen mit der Tüpfelprobe.

In vielen Fällen reicht die Aussage eines Makroschliffes durchaus aus, um die Qualität einer Schweißverbindung und von Bauteilen zu beurteilen. Die Auswertung der Proben erfolgt meist mit dem bloßen Auge oder einer Lupe. Vielfach werden zur Dokumentation des Ergebnisses noch Übersichtsaufnahmen bei geringer Vergrößerung angefertigt. Zur Herstellung dieser Makroschliffe benötigt man – neben einigen leicht zu beschaffenden Chemikalien – nicht viel mehr als die Dinge, die in jeder Werkstatt vorhanden sind: Schleifpapier, Säge oder Feile.

Der nun vorliegende Band 38 ist eine Weiterführung des Bandes 5 in dieser Buchreihe, jedoch mit geändertem Titel. Die erste Auflage wurde von Herrn E. Kauczor 1969 erstellt, der damit die Grundlage für diesen Leitfaden schuf. Ihm sei dafür herzlich gedankt. Die praktischen Arbeiten für einige der abgebildeten Beispiele wurden damals in den metallographischen Abteilungen des Werkstoffprüfamtes der Freien und Hansestadt Hamburg in Zusammenarbeit mit der Schweißtechnischen Lehr- und Versuchsanstalt (SLV) Nord, Hamburg, durchgeführt.

Frau Erika Weck hat aus ihrer Praxis in der SLV München viele sehr wertvolle zusätzliche Schliffbeispiele in die zweite, völlig überarbeitete Auflage 1983 eingebracht, die das Spektrum der angeführten Proben sinnvoll ergänzt haben und in der dritten Auflage 1997 fortgeführt wurden. Nachdem Frau Weck in den wohlverdienten Ruhestand gegangen war, überarbeitete Frau Elisabeth Leistner allein die vierte Auflage 2007. Auch ihr sei herzlich dafür gedankt.

Nachdem Frau Weck leider nicht mehr unter uns weilt und sich auch Frau Leistner ins Privatleben zurückgezogen hat, fiel mir nun die ehrenvolle Aufgabe zu, den Inhalt auf den neuesten Stand zu bringen, zu erweitern und durch zahlreiche weitere Bildbeispiele zu vervollständigen. Weil ich – wie auch meine Vorgängerinnen – der Meinung bin, dass dieses Buch eine gute Hilfe für die Durchführung einfacher metallographischer Arbeiten ist, habe ich diese literarische Aufgabe sehr gerne übernommen.

München, im August 2016 Gabriele Weilnhammer

Inhaltsverzeichnis

1 Probenentnahme

Sorgfältige Probenentnahme ist ausschlaggebend für den Erfolg jeder metallographischen Untersuchung. Die Art der Probenentnahme wird im Allgemeinen von der Härte des Werkstoffes bestimmt.

Weiche Werkstoffteile können gesägt werden. Scherenschnitte an dünnen Blechen sind ungeeignet, wenn nicht anschließend dafür gesorgt wird, dass die Einflusszone der dadurch hervorgerufenen Kaltverformung vorsichtig abgearbeitet wird.

Harte oder auch sehr zähe Werkstoffe lassen sich gut mit einem Winkelschleifer auf die gewünschte Größe schneiden. Hierbei muss für ausreichende Kühlung gesorgt werden, damit Gefügeänderungen durch zu starken Wärmeeinfluss vermieden werden. Deshalb sollte deshalb nicht zu schnell getrennt werden. Besser ist es jedoch, den Abstand des Trennschnitts zur zu beurteilenden Stelle groß genug zu halten, damit der oft unvermeidliche Wärmeeinfluss keine Fehlbeurteilungen hervorruft.

Bild 1 zeigt eine durch unvorsichtiges Trennen verdorbene Probe aus einem gehärteten Stahl.

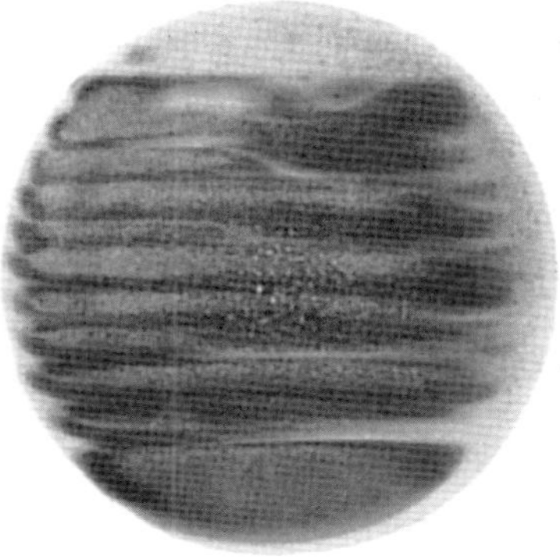

Bild l. Durch unvorsichtiges Trennen verdorbene Probe mit streifenförmig überhitztem Gefüge; Ätzmittel: 10%ige alkoholische Salpetersäure (1 : 1).

Bild 2. Unsachgemäß mit dem Schneidbrenner entnommene Probe. Die Wärmeeinflusszone des Trennschnitts beeinflusst mit Sicherheit das Gefüge der zu untersuchenden Schweißverbindung (1 : 1).

Deutlich ist die Anlasswirkung des ohne genügende Kühlung durchgeführten Trennscheibenschnittes von **Bild 1** zu erkennen. Eile am falschen Platze kann hier großen Schaden anrichten. Zum vorsichtigen Abarbeiten der durch den Wärmeeinfluss für die Untersuchung unbrauchbar gewordenen Werkstoffschicht braucht man meist ein Vielfaches der beim unvorsichtigen Trennen gesparten Zeit. Die besten Trennergebnisse erhält man mit den in metallographischen Laboratorien üblichen Trennmaschinen. Hierzu werden dünne bakelitgebundene Siliziumkarbidscheiben verwendet. Durch die Wasserkühlung kann man trotz hoher Scheibendrehzahl schnell Abschnitte erhalten, die kaum noch nachgearbeitet werden müssen.

Der Schaden durch zu schnelles Trennen mit dem Winkelschleifer oder durch das Brennschneiden nahe am Untersuchungsort kann besonders groß werden, wenn der Fehler nicht bemerkt wird und hierdurch ein falsches Prüfergebnis zustande kommt. Dies kann zum Beispiel sehr leicht der Fall sein, wenn Kleinlasthärteprüfungen an einer Probe durchgeführt werden, die einer Schweißverbindung an aufhärtungsempfindlichen Stählen entnommen wurde. Selbst wenn die fertig bearbeitete und geätzte Probe dem Auge einwandfrei erscheint, können aufgehärtete Stellen bei zu heißem Trennen weicher geworden sein. Die falschen Schlüsse, die dadurch auf das Schweißverhalten des Stahles gezogen werden, können schwerwiegende Folgen beim Verarbeiten haben.

Wenn möglich, sollte man deshalb auch vermeiden, Proben mit dem Schneidbrenner zu entnehmen. Der Wärmeeinfluss der Schneidflamme kann das Gefüge so stark verändern, dass später beim Ätzen das Schliffbild unklar wird. Wenn eine Probe mit dem Schneidbrenner entnommen werden muss, ist das herauszunehmende Teil so groß zu wählen, dass die für den Makroschliff vorgesehene Stelle mit Sicherheit nicht durch die Schneidwärme beeinflusst wird. Nach dem Trennen mit dem Brennschnitt empfiehlt es sich, die eigentliche Schliffprobe dann noch mit einem Trennschleifgerät mit Kühlung auf die erforderliche Größe zu bringen. Ansonsten muss erst der wärmebeeinflusste Bereich ausreichend weit abgearbeitet (geschliffen) werden, was mit großem Aufwand verbunden ist.

Bei Werkstoffen, wie Aluminium, Kupfer, Titan, Nickel oder nichtrostendem Stahl, ist ein Brennschneiden nicht möglich. Wenn hier größere Teile geschnitten werden sollen, kann eventuell das Plasmaschneiden, das Wasserstrahlschneiden oder das Funkenerodieren zum Einsatz kommen.

Ein Beispiel für unsachgemäße Probenentnahme mit dem Schneidbrenner zeigt **Bild 2**. Die Probe wurde einer Rohrrundnaht entnommen. Die Brennkante liegt so dicht an der Naht, dass mit Gefügeänderungen durch Wärmeeinfluss bis weit in die Schweißnaht hinein gerechnet werden muss. So eine Probe ist für weitere Untersuchungen absolut unbrauchbar.

2 Fassen der Proben

Proben, die so klein sind, dass sie sich freihändig schlecht schleifen lassen, können eingeklammert oder eingebettet werden. Klammern, wie in **Bild 3** gezeigt, lassen sich leicht aus Rohrabschnitten oder Flachstahl herstellen. Da Bleche und Schrauben aus unlegiertem oder niedriglegiertem Stahl leicht rosten, wählt man vorteilhafterweise nichtrostende Metalle, wie Aluminium-, Kupferlegierungen oder nichtrostenden Stahl, möglichst entsprechend dem jeweiligen Probenwerkstoff.

Eingeklammerte Proben, die aufgrund ihrer Form nicht selbst Abstand von der Klammer halten, müssen mit Beilagen versehen werden, die etwas von der Schlifffläche zurückstehen, wie in **Bild 3** zu sehen ist. Die Schlifffläche einer ohne Beilage eng an der Klammer anliegenden Probe ist schwierig sauber zu halten. In den engen Spalt zwischen Klammer und Probe eingesickertes Wasser oder Ätzmittel kann beim Trocknen meist nur unvollkommen entfernt werden. Es dringt später wieder an die Oberfläche und verdirbt den Schliff.

Für das Fassen sehr kleiner oder schwierig geformter Proben haben sich Kunstharzeinbettmassen bewährt, die heute aufgrund ihrer leichten Handhabung und ihrer kurzen Aushärtezeiten die Schliffklammern fast vollständig ersetzt haben, **Bild 4**.

Bild 3. Eingeklammerte Proben (1 : 1).

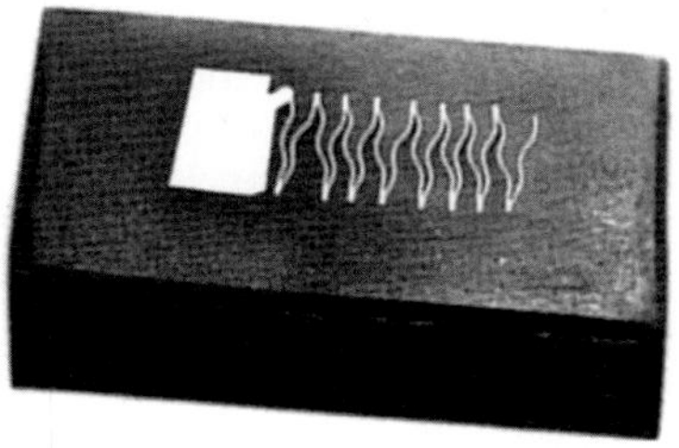

Bild 4. In Kunstharz eingebettete Probe aus einer plasmageschweißten Faltenbalgdichtung (1 : 1).

Viele Firmen für metallographisches Zubehör bieten unterschiedliche kaltaushärtende Einbettmittel an. Erhältlich sind Kunstharzeinbettmittel, bei denen entweder eine pulverförmige Komponente mit einem flüssigen Härter gemischt wird, oder solche, bei denen zwei oder drei pulverförmige und flüssige Komponenten in einem bestimmten Verhältnis miteinander verrührt werden. Die Aushärtezeiten betragen von 5 Minuten bis zu etwa 12 Stunden. Die zwei oder drei Bestandteile des Einbettmittels werden gründlich miteinander gemischt und können dann in Formen gegossen werden, in die man vorher die Proben gestellt hat. Hierfür gibt es bei den gleichen Firmen Formen aus Silikonkautschuk oder anderen Kunststoffen in verschiedenen Größen, **Bild 5**.

Sehr zu empfehlen sind Formen aus weichem Silikonkautschuk, da die eingebettete Probe hieraus sehr leicht entfernt werden kann.

Ebenso eignen sich auch leere Schachteln oder Dosen aus Metall oder Kunststoff. Notfalls kann man aber auch eine Form aus kräftigem Papier zusammenkleben.

Als Beispiel zeigt **Bild 4** die in Kunstharz eingebettete Probe einer plasmageschweißten Faltenbalgdichtung aus korrosionsbeständigem Stahl und **Bild 6** eine Auswahl verschieden eingebetteter und nicht eingebetteter Proben.

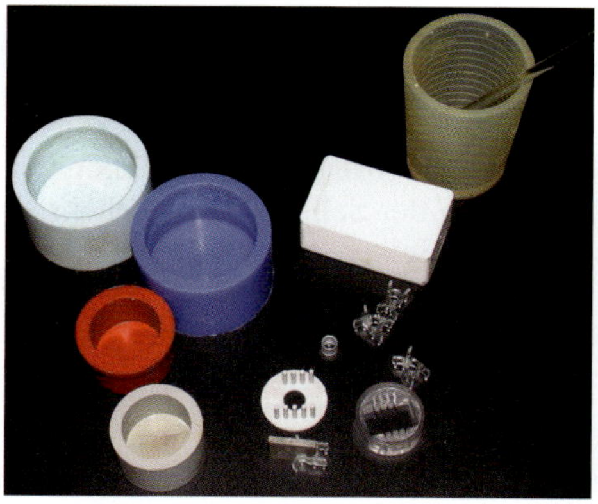

Bild 5. Einbettformen und Zubehör zum Kalteinbetten.

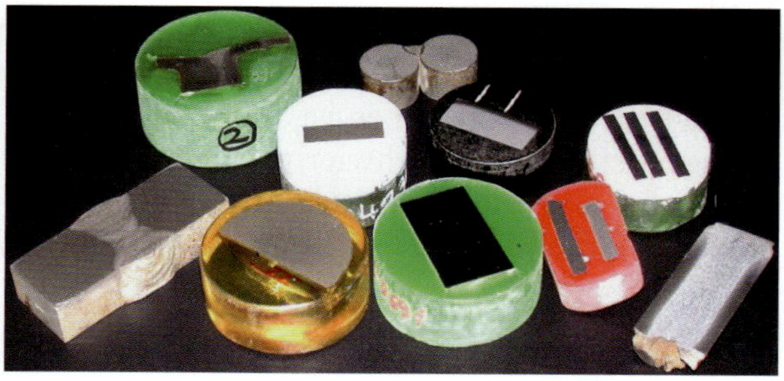

Bild 6. Verschiedene eingebettete und nicht eingebettete Proben.

Die Probe wird jeweils **mit der zu schleifenden Fläche nach unten** auf den Boden der Form gestellt, und die fertig gemischte Einbettflüssigkeit dann darüber gegossen. Wenn die Einbettmasse ausgehärtet ist, nimmt man die Probe aus der Form oder schleift bei einer Papierform den Boden derselben ab.

Bei kleinen Proben empfiehlt es sich, möglichst mehrere gleichzeitig in solche Formen einzubetten, um Zeit zu sparen. Sind Proben sehr dünn und fallen leicht um, kann man sie vor dem Umgießen mit Kunstharz mit den im Handel erhältlichen Kunststoff- oder Metallklämmerchen, wie sie in **Bild 5** gezeigt werden, stehend halten.

Sicherheitshinweis:
Beim Aushärten der Kalteinbettmittel werden immer Dämpfe frei, die gesundheitsschädlich sein können. Deshalb empfiehlt es sich, diesen Arbeitsschritt unter dem Abzug zu machen.

Für die verwendeten Einbettmittel sollten immer auch die entsprechenden Sicherheitsdatenblätter vorliegen und auch bekannt sein. Diese sind über den Hersteller erhältlich.

3 Schleifen der Proben

Die für die Untersuchung vorgesehene Fläche der Probe wird, je nach vorhandenem Werkzeug, plangedreht, gehobelt, gefeilt oder an einem Schleifstein vorgeschliffen. Je sorgfältiger hierbei darauf geachtet wird, eine plane, möglichst wenig raue Fläche zu erzielen, desto leichter lässt sich das anschließende Feinschleifen auf Schleifpapieren durchführen.

Beim Anfertigen von Makroschliffen ist es nicht notwendig, die Proben, wie es bei Mikroschliffen üblich ist, beim Übergang von einer Körnung zur nächst feineren um 90° zu drehen. Es genügt und macht weniger Mühe, wenn man etwas schräg zur letzten Schleifrichtung weiterschleift. Wird an Maschinen geschliffen, an denen die Papiere auf runde Scheiben plan aufgelegt sind, **Bild 7**, dreht man die Proben beim Wechseln der Körnung jeweils um 180°, **Bild 8**. Je feiner die Proben geschliffen werden, desto besser werden die Ätzbilder. In den meisten Fällen wird, auch bei höheren Ansprüchen, Körnung 500 ausreichen, im Einzelfall auch Körnung 320.

Es ist wenig ratsam, in Kunstharz eingebettete Proben am Schleifstein vorzuschleifen, da alle Einbettmittel bei den entstehenden hohen Temperaturen heiß und weich werden und anfangen zu schmieren. Aus diesem Grund ist es günstiger, die Probe vor dem Einbetten so weit vorzubereiten, dass anschließend nur noch auf Schleifpapieren (nach Möglichkeit nass, also mit Wasserkühlung) geschliffen werden muss.

Mit welcher Schleifpapierkörnung begonnen wird, richtet sich nach der Güte des Vorschliffes. Im Allgemeinen wird es nicht notwendig sein, mit Papieren zu beginnen, die eine gröbere Körnung als 100 haben (Korngrößen nach FEPA-Norm). Von dieser Körnung geht man über auf ein Papier der Körnung 180. Es folgen dann die Papiere 220, 320 und je nach der gewünschten Schliffgüte noch 500 (und selten 1200).

Bild 7. Schleifmaschine zum Anfertigen von Makroschliffen.

Bild 8. Schleifen eines Makroschliffes auf Schleifpapier der Körnung 320.

Angenehmes, staubfreies Schleifen ermöglichen Nassschleifmaschinen, die in verschiedenen Ausführungen für metallographische Zwecke im Handel erhältlich sind, **Bild 7**. Hierfür werden wasserfeste Siliziumkarbidpapiere benutzt. Ständig über die Papiere fließendes Wasser spült den Schleifstaub fort und kühlt die Proben, **Bild 8**. Man kann deshalb von einer Körnung auf die nächste übergehen, ohne die Probe vorher zu reinigen.

Wenn ein Gerät der beschriebenen Art nicht vorhanden ist, genügt auch ein Winkelschleifer mit verschiedenen Einsätzen, **Bild 9** bis **Bild 11**.

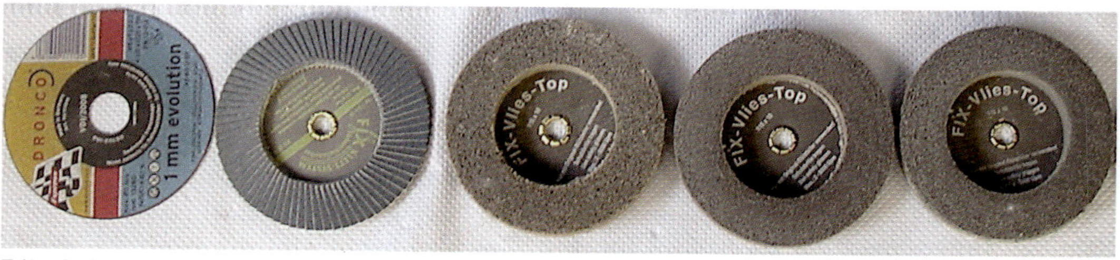

Bild 9. Schleif- und Schruppscheiben sowie Poliereinsätze zum Schliffpräparieren in der Werkstatt oder auf der Baustelle.

Bild 10. Grobschleifen unter Werkstattbedingungen.

Bild 11. Feinschleifen unter Werkstattbedingungen.

Die Probe kann in einen Schraubstock eingespannt werden und auf diese Weise bis etwa zur Körnung 500 geschliffen werden, **Bild 12**.

Bild 12. Im Schraubstock eingespannte Probe zur Makroschliffpräparation.

Wenn besonders große Proben präpariert werden sollen, die von Hand nicht geschliffen werden können, kann aus dem zu untersuchenden Teil eine planparallele Scheibe entnommen werden, die dann auf der Flächenschleifmaschine etwa bis zur Körnung 320 geschliffen wird.

4 Ätzen der Proben

Zum Sichtbarmachen des Makrogefüges muss die geschliffene Fläche mit einem für den Werkstoff geeigneten Ätzmittel behandelt werden. Wichtig ist, dass die Schlifffläche bis zum Ätzen sauber und fettfrei bleibt. Da schon ein Fingerabdruck das Ätzergebnis ungünstig beeinflussen kann, sollten die Schliffe nach dem Schleifen gründlich mit Wasser gereinigt, anschließend mit Alkohol (Ethanol oder Propanol) abgespült und getrocknet werden.

Getrocknet wird durch Abblasen mit Druckluft, mit einem Warmlufttrockner (Fön), durch kräftiges Blasen mit dem Mund oder durch Abwischen mit einem saugfähigen sauberen Tuch oder Papier. Wird der Schliff nicht sofort geätzt, kann man ein Anlaufen oder Oxidieren der Schlifffläche verhindern, indem man den Schliff mit der präparierten (geschliffenen) Seite nach unten auf ein sauberes trockenes Zellstofftuch (trockene Unterlage) oder in einen Exsikkator liegt.

Bei verschiedenen der nachstehend beschriebenen Makroätzmittel ist es meist günstiger, die Probe nicht in das Ätzmittel zu tauchen, sondern die Lösung kräftig mit einem Wattebausch auf der geschliffenen Fläche zu verreiben, **Bild 13** und **Bild 14**. Da die Ätzlösungen die Haut angreifen, darf der Wattebausch nicht mit den Fingern, sondern nur mit einer Ätzzange oder mit Gummihandschuhen angefasst werden.

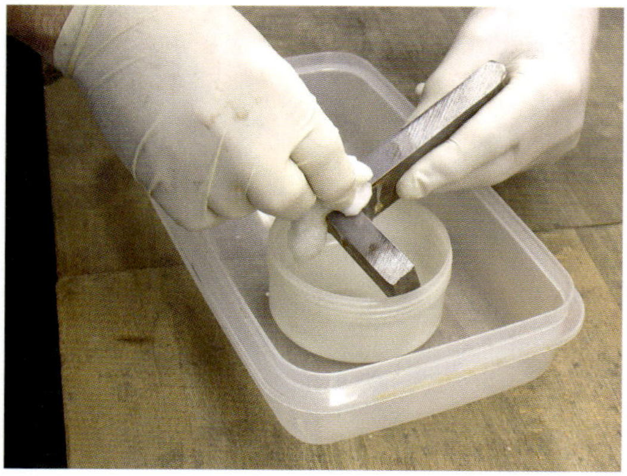

Bild 13. Wischätzen mit Ammoniumperoxodisulfatlösung unter Werkstattbedingungen.

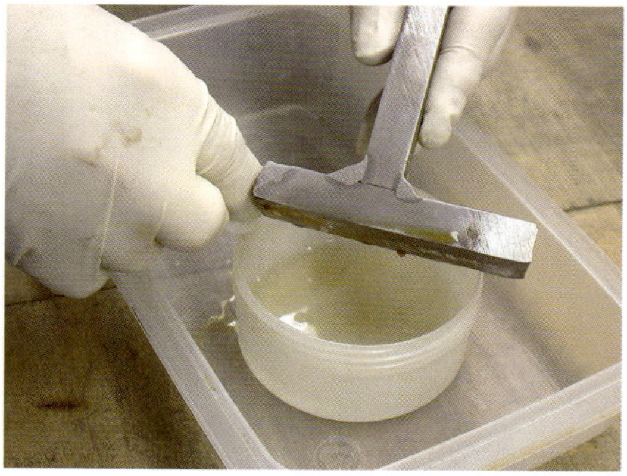

Bild 14. Fertig geätzte Probe vor dem Reinigen und Trocknen.

> ***Wichtiger Sicherheitshinweis:***
> **Gebrauchtes Ätzmittel ist zu entsorgen oder zu vernichten und nicht in das säurebeständige Aufbewahrungsgefäß mit unbenutzter Lösung zurückzugießen!**

Geätzt wird jeweils so lange, bis das Makrogefüge gut genug sichtbar ist. Dann spült man die Probe mit Wasser ab, anschließend mit Alkohol, damit sie beim Fönen schneller und fleckenfrei trocknet. Einige Hilfsmittel zum Ätzen zeigt **Bild 15**.

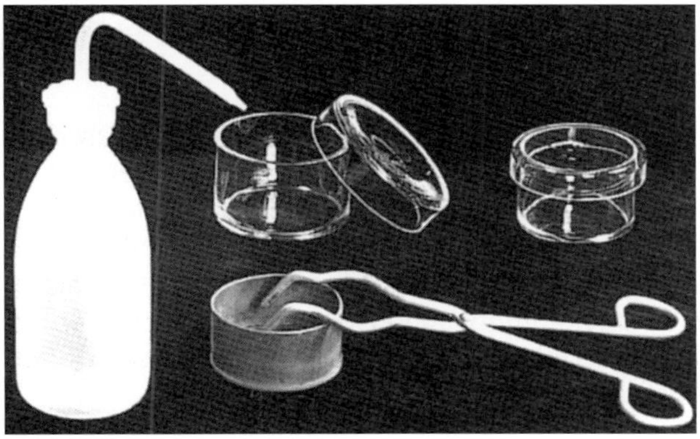

Bild 15. Ätzschalen aus Glas, Ätzschale aus Kunststoff für flusssäurehaltige Ätzmittel, Ätzzange aus Nickel oder korrosionsbeständigem Stahl, Kunststoff-Spritzflasche für Spülwasser.

Makroschliffe mit Poren, feinen Rissen oder Spalten machen beim Trocknen nach dem Ätzen Schwierigkeiten. Das hier eingedrungene Ätzmittel kann beim Trocknen durch die Kapillarwirkung wieder herausquellen und die Schlifffläche verderben. Daher gut mit Alkohol spülen und gegebenenfalls im Ultraschallbad reinigen. Dann mit Alkohol abspülen und fönen. Steht ein Ultraschallreinigungsgerät zur Verfügung, wird der Schliff vor und nach dem Ätzen (und anschließendem Abspülen unter Wasser) kurzzeitig (10 bis 30 Sekunden) in diesem Gerät in Alkohol gereinigt und anschließend wie oben beschrieben getrocknet.

Einfach und ohne Temperatureinfluss ist das Füllen von Hohlräumen, wenn eine Vakuumkammer, ein Vakuumimprägniergerät oder ein evakuierbarer Exsikkator zur Verfügung steht. Die frisch mit Alkohol gereinigten und gut getrockneten Proben legt man mit der Schlifffläche nach oben auf eine Unterlage (zum Beispiel Pappe) und bestreicht sie mit einem dünnflüssigen Kalteinbettmittel. Bewährt hat sich Epoxidharz (Zweikomponentenharz), das leicht erwärmt (etwa 50°C) sehr dünnflüssig ist, mit einer Aushärtezeit von etwa 12 Stunden. Anschließend gibt man die so behandelte Probe für etwa 1 Minute in die Vakuumkammer, bis das Kunstharz in alle Risse, Spalten oder Poren eingedrungen ist, und lässt das Harz dann bei Normaldruck aushärten.

Achtung: zu langes Evakuieren lässt den Härter abdampfen, wodurch das Harz weich bleiben kann!

Anschließend fährt man fort mit dem Abschleifen des überschüssigen Harzes auf der Schlifffläche und dem Ätzen.

Ebenfalls gut bewährt hat sich auch die Verwendung von Sekundenkleber, der auf die vorgeschliffene Schlifffläche aufgebracht wird, in die Spalten und Unregelmäßigkeiten eindringt und nach dem Aushärten wieder abgeschliffen werden kann.

5 Aufbewahren der Proben

Schliffe, die sich längere Zeit halten sollen, müssen vor Luftfeuchtigkeit geschützt werden. Hierfür ist ein Exsikkator vorteilhaft, **Bild 16**. In den unteren Teil dieses Aufbewahrungsgefäßes wird wasseranziehendes Kieselgel mit Feuchtigkeitsindikator gefüllt. Frisches, dunkelblaues Kieselgel wird heller, wenn es Wasser aufnimmt. Verbrauchtes Kieselgel, dessen blaue Farbe ganz verschwunden ist, kann durch Trocknen in einem Ofen in seinen ursprünglichen Zustand zurückgeführt und wieder neu benutzt werden. Die Proben liegen auf einer durchlochten Porzellanplatte. Der Sitz des eingeschliffenen Exsikkatordeckels muss ab und zu gereinigt und neu eingefettet werden.

Bild 16. Exsikkator zum Aufbewahren metallographischer Schliffe.

Eine sehr einfache, aber effektive Schliffaufbewahrungsmethode ist das Legen der Proben mit der Schliffseite nach unten auf glattes, feines, saugfähiges Zellstofftuch. Sollen beispielsweise die Proben einer Untersuchungsreihe oder Charge zusammen bleiben, kann man sie jeweils in eine kleine Schachtel, zum Beispiel aus mit Zellstoff ausgelegter Pappe, legen. Zum Archivieren hat sich auch bewährt, jede Probe einzeln in ein Zellstofftuch einzuwickeln und dann die, welche zusammengehören, in eine verschließbare beschriftete Plastiktüte zu geben. So halten die Proben oft jahrelang ohne zu rosten oder zu verderben.

Proben, die als Anschauungsmaterial öfter von Hand zu Hand gehen, können durch eine transparente Lackschicht (zum Beispiel Zaponlack) vor Korrosion geschützt werden. Der Lack kann mit einem Pinsel oder mit einem Sprühlack aufgebracht werden.

Einfach anzuwenden sind die im Handel erhältlichen transparenten Sprühlacke. Bei ihrer Verwendung empfiehlt es sich, den Schliff beim Besprühen schräg zu halten. Der günstigste Abstand Schliff – Spraydose beträgt etwa 25 cm. Wichtig ist es, den Lack hauchdünn aufzutragen. Dadurch werden die Kontraste noch erhöht.

6 Makroätzmittel für verschiedene Metalle und ihre Legierungen

Wichtiger Sicherheitshinweis:
Stets Säuren in das Lösungsmittel (Wasser oder Alkohol) gießen, nie umgekehrt!

Aufbewahrungs-, Handhabungs- und Entsorgungsvorschriften für die verwendeten Chemikalien sind den jeweiligen Sicherheitsdatenblättern der Hersteller oder Händler zu entnehmen und diese sind zu beachten!

6.1 Makroätzmittel für unlegierte und niedriglegierte Stähle und Gusseisen

Alkoholische Salpetersäure-Ätzung oder **Nital-Ätzung**

90 ml Alkohol (Ethanol)
5 bis 10 ml Salpetersäure, 67%ig

Mit alkoholischer Salpetersäure geätzte Schliffe zeigen **Bild 17** bis **Bild 22**. Das Ätzmittel wird 10 Sekunden bis etwa 1 Minute, wenn nötig auch länger, mit einem Wattebausch auf der geschliffenen Fläche verteilt. Anschließend reibt man die Probe unter fließendem Wasser kräftig mit einem Wattebausch ab, damit der graue Belag durch das Ätzmittel beseitigt wird. Danach ist das Wasser gründlich mit Alkohol (Ethanol oder Propanol) abzuspülen. Hierfür sind Spritzflaschen aus Polyethylen sehr gut geeignet, **Bild 15**. Den Alkohol trocknet man mit Zellstoff oder möglichst unter einem Fön ab. Anschließend wird – wenn möglich – mit Sprühlack konserviert.

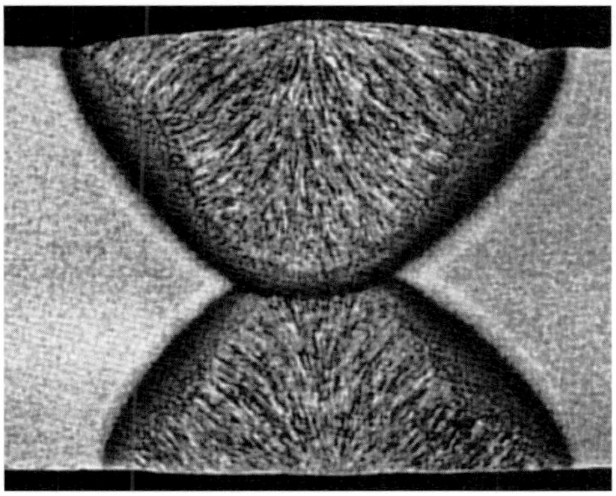

Bild 17. Unterpulver-Schweißverbindung an Kesselblechen P285NH (H III/W.-Nr. 1.0477) Ätzmittel: 10%ige alkoholische Salpetersäure (2 : 1).

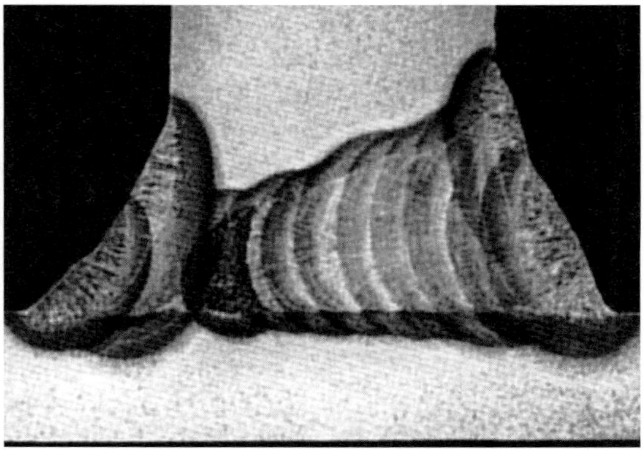

Bild 18. Mit dem Lichtbogen von Hand an Kesselblech P285NH (H III/W.-Nr. 1.0477) geschweißter Stutzen; Ätzmittel: 5%ige alkoholische Salpetersäure (2 : 1).

Außer Schweißnähte und Wärmeeinflusszonen können mit diesem Ätzmittel noch sichtbar gemacht werden: unterschiedliche Stahlsorten bei Verbundstahl, **Bild 19**; die Tiefe oberflächengehärteter Schichten, **Bild 20**; ebenfalls Seigerungen, entkohlte Schichten, Gefügeunterschiede in Gusseisen und starke örtliche Kaltverformungen.

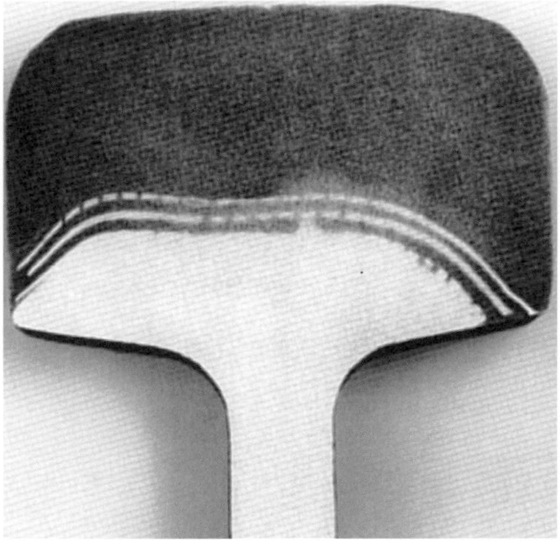

Bild 19. Querschnitt aus einer Verbundstahlschiene; die beiden verschiedenen Werkstoffe können durch unterschiedliche Graufärbung leicht unterschieden werden; Ätzmittel: 10%ige Salpetersäure (1 : 1).

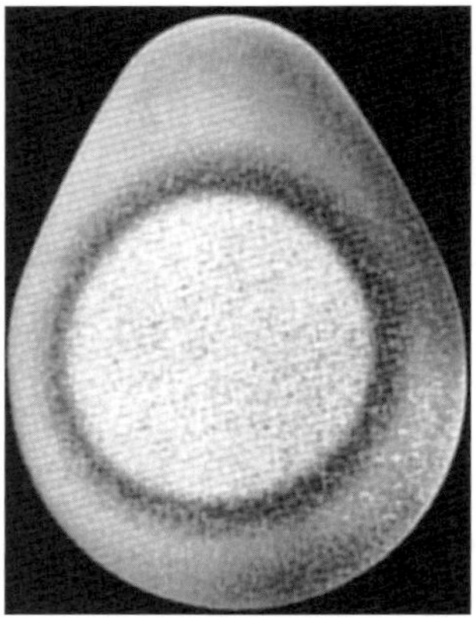

Bild 20. Querschnitt durch einen induktiv gehärteten Nocken aus einer Graugussnockenwelle. Die Wärmeeinflusszone ist durch das Härten deutlich sichtbar; Ätzmittel: 5%ige alkoholische Salpetersäure (2 : 1).

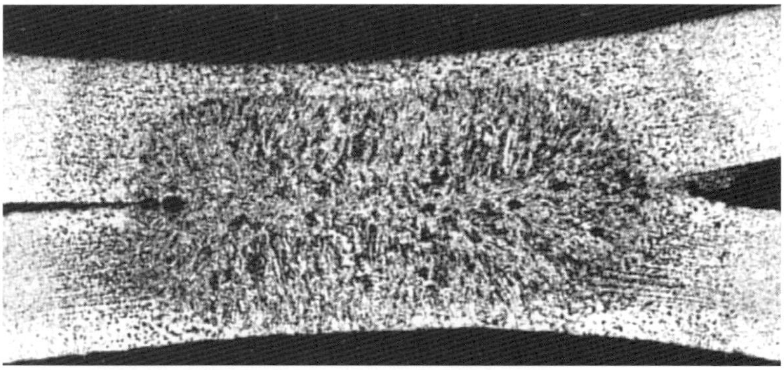

Bild 21. Punktschweißverbindung an einem Stahlradiator, der einem Druckversuch standgehalten hat; Ätzmittel: 5%ige alkoholische Salpetersäure (16 : 1).

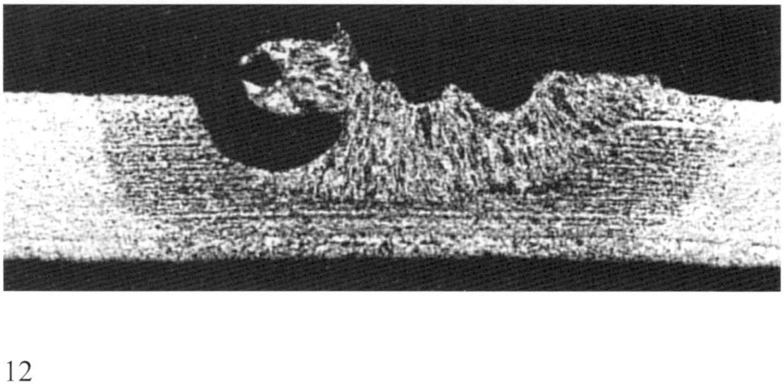

Bild 22. Beim Druckversuch gerissene, fehlerhafte Punktschweißverbindung an einem Stahlradiator; Ätzmittel: 5%ige alkoholische Salpetersäure (16 : 1).

Sollen Makroschliffe bei stärkerer Vergrößerung, wie 10 : 1 oder noch größer, betrachtet oder fotografiert werden, um zum Beispiel das Mikrogefüge von Widerstands-Punktschweißungen beurteilen zu können, ist eine schwächere, etwa 5%ige Lösung zu empfehlen, weil für das Auswerten bei diesen Vergrößerungen die Oberfläche des Schliffes durch die 10%ige Lösung meist zu stark aufgeraut wird, **Bild 21** und **Bild 22**. Solche Proben sollten dann vor dem Ätzen nicht zu grob geschliffen sein. Als letzte Schleifpapierkörnung ist dann 500 bis 1200 und ein anschließendes Polieren auf Diamant der Körnung 3 µm ratsam.

Sehr viel einfacher in der Anwendung, hervorragend im Ergebnis und wesentlich ungefährlicher für Transport und Handhabung ist jedoch folgendes Ätzmittel:

Ammoniumpersulfat-Ätzung

10 bis 20 g Ammoniumperoxodisulfat (oder **-persulfat)**
100 ml Wasser (muss nicht destilliert sein)

Dieses Ätzmittel ist wesentlich ungefährlicher und oft sehr viel besser geeignet, um die Makrostruktur von un- und niedriglegierten Stählen und Eisenwerkstoffen sichtbar zu machen, als die alkoholische Salpetersäure. Auch kann das in kristalliner Form vorliegende Ammoniumpersulfat für die Baustellenmetallographie wesentlich einfacher und ungefährlicher transportiert sowie im Betrieb leichter aufbewahrt werden als die sehr aggressive, hochprozentige Salpetersäure.

Das Ammoniumpersulfat-Ätzmittel ist nur begrenzt haltbar und wirkt am besten im frisch angesetzten Zustand. Leitungswasser kann ohne Weiteres verwendet werden! Mit einem getränkten Wattebausch (gehalten mit Schutzhandschuhen oder Zange) wird so lange kräftig über die Schlifffläche gerieben, bis das Makrogefüge sichtbar wird.

Beim Ätzen bildet sich ein dunkler Eisenoxidbelag, der immer wieder abgerieben werden muss. Meist genügt ein Vorschleifen bis Papier der Körnung 320. Je feiner jedoch geschliffen wird, desto klarer wird das Gefüge beim Ätzen.

Die Anwendungsgebiete dieses Ätzmittels entsprechen denen der alkoholischen Salpetersäure, wobei es jedoch mit der Ammoniumpersulfatlösung möglich ist, das Gefüge kontrastreicher und klarer anzuätzen, als mit der alkoholischen Salpetersäure, wie **Bild 35** und **Bild 36** im Vergleich zeigen.

Nach dem Ätzen sollte der Schliff unter Wasser noch einmal kräftig mit einem Wattebausch abgerieben, dann gut mit Alkohol gespült und getrocknet werden.

Interessant ist vielleicht auch, dass das gleiche Ätzmittel nicht nur für alle un- und niedriglegierten Stähle geeignet ist, sondern auch für Kupfer und Kupferlegierungen. Hierzu zeigt **Bild 33** den Makroschliff einer Metall-Schutzgasschweißung an Reinkupfer. Aber auch Messing, Bronze, Neusilber und Rotguss lassen sich so kontrastieren.

Insgesamt zeigen **Bild 23** bis **Bild 38** (ausgenommen **Bild 34** und **Bild 35**) verschiedene Beispiele von Stahl- und Kupferschliffen, geätzt mit 10%iger Ammoniumpersulfatlösung.

Bild 23. Alter Bewehrungsstahl mit starken Verunreinigungen und Mittenlunker; Ätzmittel: 10%ige Ammoniumpersulfatlösung (2 : 1).

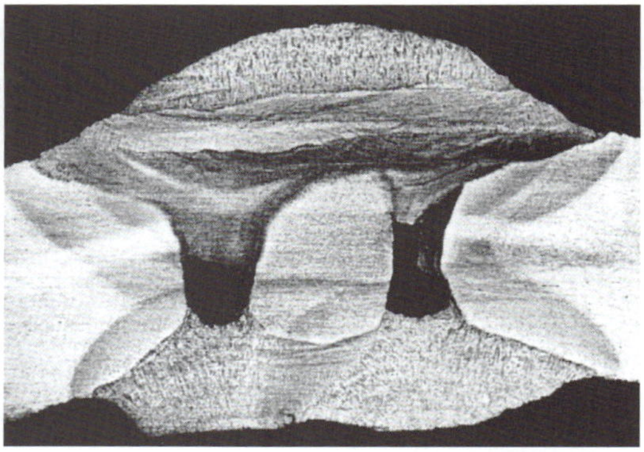

Bild 24. Durch Einlegen einer Schweißelektrode fehlerhafte Schweißnaht an Kesselblech P265GH (H II/W.-Nr. 1.0425). Schweißlagen und Wärmeeinflusszonen sind sichtbar, die Hohlräume zwischen Grundwerkstoffen und der eingelegten Elektrode in der Mitte der Schweißverbindung erscheinen schwarz; Ätzmittel: 10%ige Ammoniumpersulfatlösung (3 : 1).

Bild 25. Randschichtvergüteter Betonstahl B500S; Ätzmittel: 10%ige Ammoniumpersulfatlösung (1,5 : 1).

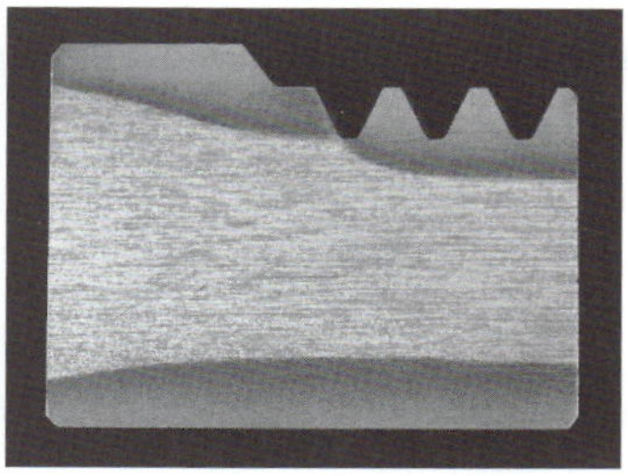

Bild 26. Induktiv gehärtete Zahnstange, Ätzmittel: 10%ige Ammoniumpersulfatlösung (1 : 1).

Auch Seigerungen, zum Beispiel bei unberuhigt vergossenem Baustahl (**Bild 27**) oder Stahl unterschiedlicher Zusammensetzung (**Bild 28** bis **Bild 30**), können mit diesem Ätzmittel gut kontrastiert werden.

Darüber hinaus kann man damit auch feststellen, auf welche Weise ein Werkstoff hergestellt wurde; beispielsweise aus geschmiedetem oder gewalztem Werkstoff (**Bild 31**) und gegebenenfalls auch als Stahlguss (**Bild 32**).

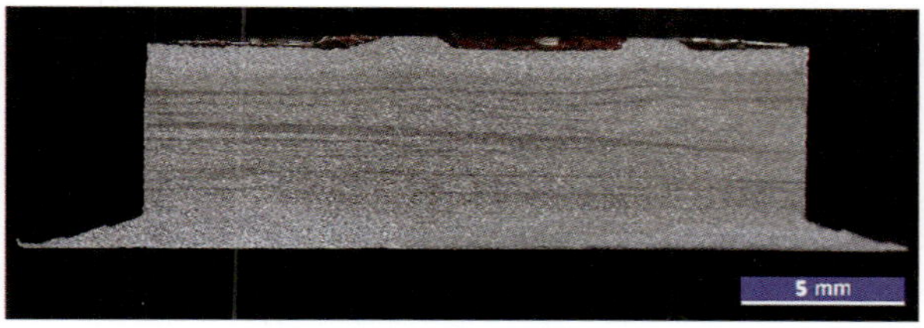

Bild 27. Unberuhigt vergossener Abschnitt des Steges eines Trägers mit Blockseigerung von Phosphor und Schwefel in Querschnittsmitte; Ätzmittel: 10%ige Ammoniumpersulfatlösung (1 : 1).

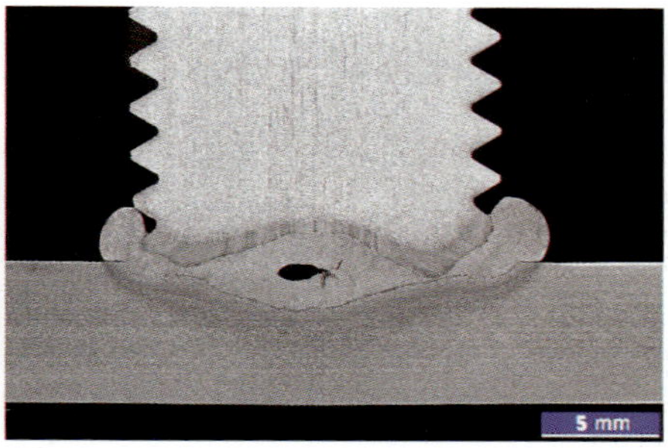

Bild 28. Bolzenschweißung mit ausgeprägtem Mittenlunker und Anrissen, Ätzmittel: 10%ige Ammoniumpersulfatlösung (2 : 1).

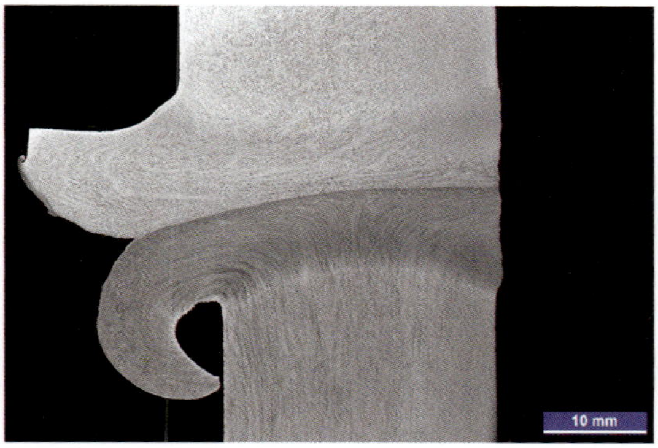

Bild 29. Reibschweißung am Rohrquerschnitt zweier unterschiedlicher Stähle, Wulst an der Rohraußenseite (rechts im Bild) abgearbeitet, Ätzmittel: 10%ige Ammoniumpersulfatlösung (1 : 1).

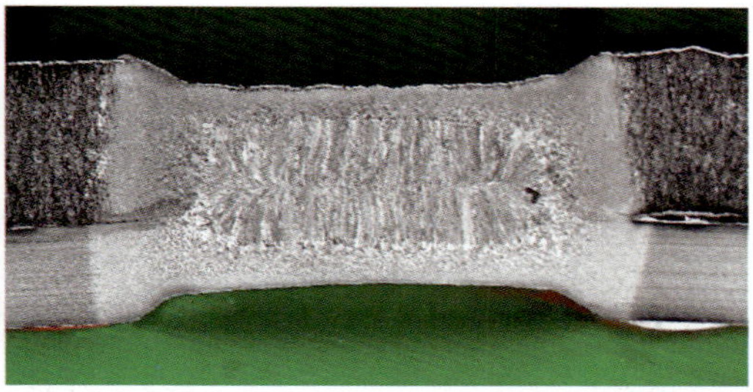

Bild 30. Widerstandspunktschweißung an zwei verschiedenen hochfesten Feinblechen, Ätzmittel: 10%ige Ammoniumpersulfatlösung (10 : 1).

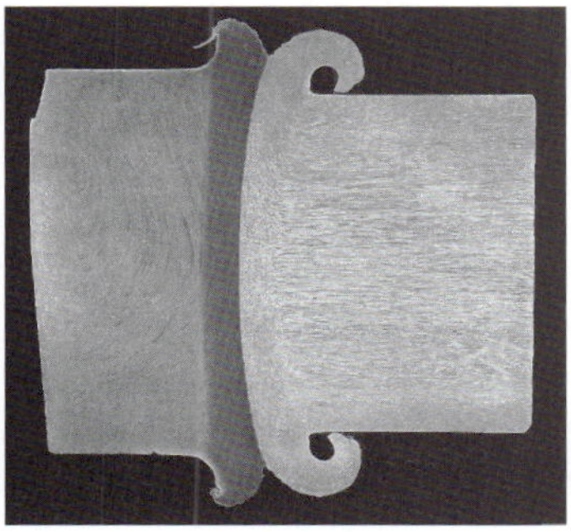

Bild 31. Reibschweißung aus geschmiedetem (links) und gewalztem Stahl (rechts) unterschiedlicher chemischer Zusammensetzung, Ätzmittel: 10%ige Ammoniumpersulfatlösung (1 : 2).

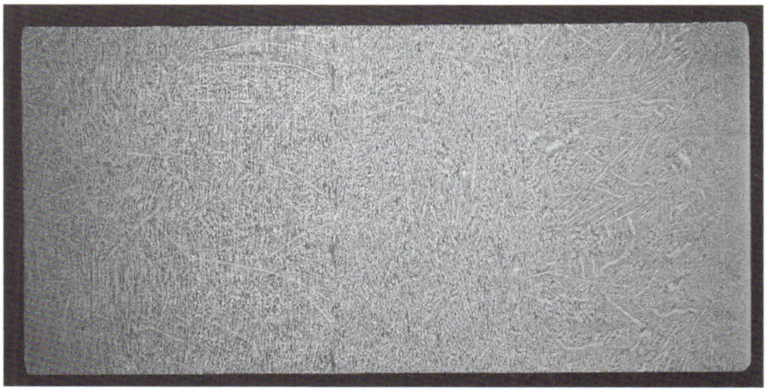

Bild 32. Stahlguss GS355 mit typischen Nadelstrukturen und andeutungsweiser Mittenseigerung, Ätzmittel: 10%ige Ammoniumpersulfatlösung (1 : 2).

Bild 33. Metall-Schutzgasschweißung an Reinkupfer, Ätzmittel: 10%ige Ammoniumpersulfatlösung (2 : 1).

Bild 34a gibt einen Makroquerschliff an einer Schweißnaht aus Kesselblech P265GH (H II/W.-Nr. 1.0425) wieder, der beim Ätzen mit 10%iger alkoholischer Salpetersäure an der oberen Kante eine stärker angegriffene, dunklere Zone zeigte. Ätzstreifen dieser Art sind typisch für Proben, die mit dem Schneidbrenner entnommen wurden und bei denen anschließend nicht genügend Werkstoff von der Brennkante abgearbeitet wurde. Selbst durch kräftiges Nachschleifen bis zum Verschwinden der Probenbezeichnung ließ sich der Wärmeeinflussstreifen nicht beseitigen, wie die zweite Ätzung in **Bild 34b** zeigt.

Für den Nachweis solcher Unregelmäßigkeiten eignet sich sowohl eine 5- bis 10%ige Salpetersäurelösung als auch eine 10%ige Ammoniumpersulfatlösung.

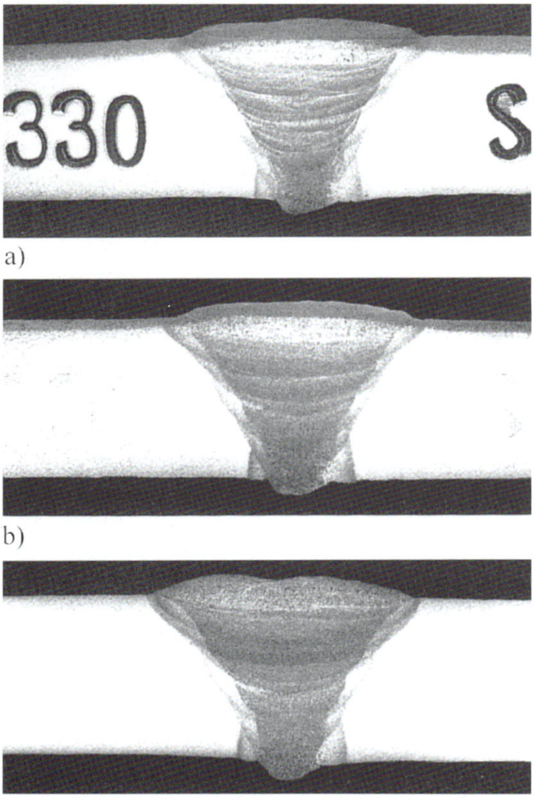

a)

b)

c)

Bild 34. Mit dem Schneidbrenner entnommene Probe aus einer Schweißverbindung an Kesselblechen P265GH (H II/W.-Nr. 1.0425); Ätzmittel: 10%ige alkoholische Salpetersäure (2 : 1);

a) nicht genügend abgearbeitete Probe: Wärmeeinflusszone oben längs, dunkler geätzt und Schlagzahlen schwarz;

b) kräftig nachgeschliffene Probe: Wärmeeinflusszone durch Brennschnitt und Verformungszonen durch Schlagzahlen sind immer noch zu erkennen;

c) nochmals abgeschliffene Probe mit jetzt unbeeinflusstem Gefüge durch Wärmeeinfluss oder Verformung.

Beim Einschlagen der Probenbezeichnung wurde unter den Zahlen und dem Buchstaben „S“ der Stahl stark kaltverformt. Obgleich die Bezeichnung beim Nachschleifen völlig weggearbeitet wurde, erschien sie trotzdem wieder schwach nach dem Ätzen, da der kaltverformte Stahl an diesen Stellen etwas stärker vom Ätzmittel angegriffen wird, **Bild 34b**. Gefügeätzungen können deshalb auch zum Sichtbarmachen verloren gegangener Bezeichnungen benutzt werden, die eingeschlagen oder mit einem Elektroschreiber (Wärmeeinfluss) eingebrannt wurden. Voraussetzung ist allerdings, dass nur die äußerlich sichtbaren Bezeichnungen, aber nicht ihre Einflusszonen abgeschliffen wurden.

Nach nochmaligem kräftigem Abschleifen waren sowohl die Wärmeeinflusszone des Brennschnittes als auch die kaltverformten Stellen unter den abgeschliffenen Probenbezeichnungen so weit abgearbeitet, dass sie keinen Einfluss mehr auf die Ätzung ausübten, **Bild 34c**.

Wenn es nur darauf ankommt, festzustellen, wo eine Schweißnaht liegt, und die Einzelheiten unwichtig sind, kann man das sehr gut sichtbar machen mit einer 10%igen Salpetersäurelösung, aber auch mit einer 10%igen Ammoniumpersulfatlösung, wobei die Ätzung mit Ammoniumpersulfatlösung vorzuziehen ist, da sie wesentlich unkomplizierter und ungefährlicher ist. Die zu ätzenden Stellen brauchen dann nicht besonders fein geschliffen zu werden. Die stärkere Ätzung macht die Schweißnähte auch an gröber bearbeiteten, zum Beispiel gedrehten oder gefeilten Flächen, sichtbar. Dieses Verfahren genügt meist, wenn Proben für Festigkeitsuntersuchungen aus Schweißverbindungen herausgearbeitet werden, um vor der Endbearbeitung der Proben die Lage der Schweißnähte (zum Beispiel für Kerben) sichtbar zu machen.

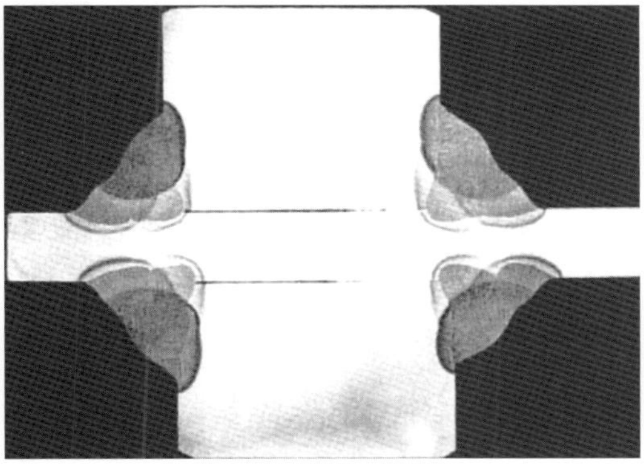

Bild 35. Kreuzstoß mit vier Kehlnähten im Querschnitt. Die Kristallite der Schweißnähte sind hier nur verwaschen zu erkennen. Auch dass bei dieser Schweißverbindung zwei unterschiedliche Werkstoffe verwendet wurden, ist nicht deutlich zu sehen. Ätzmittel: 10%ige alkoholische Salpetersäure (1 : 1).

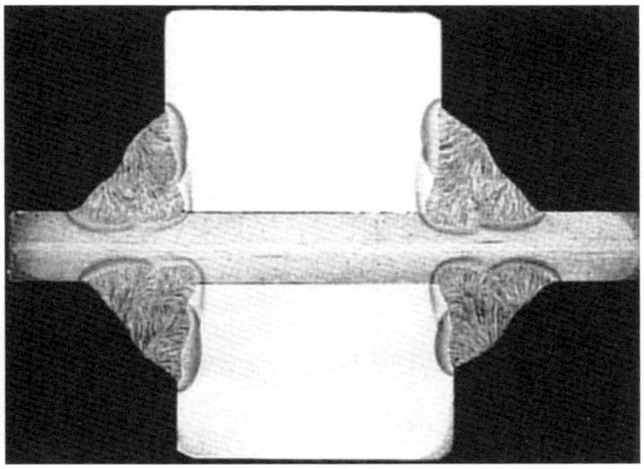

Bild 36. Derselbe Schliff wie in Bild 35. Durch die Ammoniumpersulfat-Ätzung werden die Kristallite des Schweißguts und auch die Wärmeeinflusszonen deutlicher sichtbar. Gut zu erkennen ist auch der Unterschied zwischen den beiden Grundwerkstoffen. Ätzmittel: Ammoniumpersulfat-Ätzung (1 : 1).

Sehr gut entwickelt werden mit diesem Ätzmittel die einzelnen Stengelkristallite von Schweißnähten, die Wärmeeinflusszonen in den angrenzenden Grundwerkstoffen und auch makroskopisch sichtbare Gefügeunterschiede in Bauteilen, **Bild 37** und **Bild 38**.

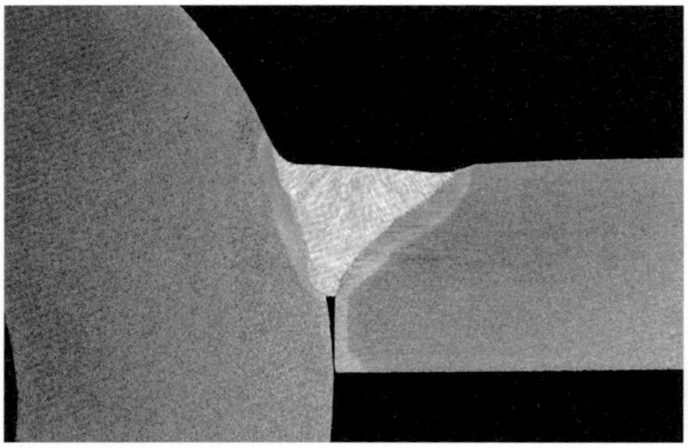

Bild 37. Kehlnaht zwischen Blech mit 15 mm Dicke und Rohr; beide aus niedriglegiertem Baustahl S355J2 (W.-Nr. 1.0570). Die Kristallite der Schweißnaht sowie die Wärmeeinflusszonen in den Grundwerkstoffen von Blech und Rohr sind sehr gut zu erkennen (1 : 1).

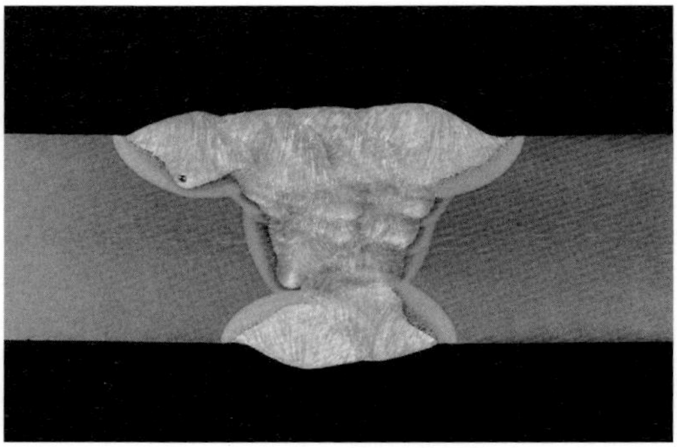

Bild 38. Mehrlagige Doppel-V-Naht zwischen zwei Blechen aus vergütetem Feinkornbaustahl S690Q (W.-Nr. 1.8931), Blechdicke 30 mm. Das Ammoniumpersulfat-Ätzmittel lässt die einzelnen Schweißlagen mit ihren Stängelkristalliten deutlich sichtbar werden, ebenso die Wärmeeinflusszonen in den Blechen. Auch zwischen Blechmitte und Blechrand sind (herstellungsbedingt) feine Gefügeunterschiede zu erkennen. In einer Schweißlage (links oben) befindet sich eine Pore (schwarz) (0,5 : 1).

Auch bei grob vorbearbeiteten Proben (Schleifen oder Drehen in der Werkstatt) lassen sich mit 10%iger Ammoniumpersulfat-Ätzung noch gut vorhandene Schweißverbindungen erkennbar machen. Hat man eine große Anzahl von Proben, beispielsweise Serien von geschweißten Kerbschlag- oder Biegeproben, wo der Kerb exakt in der Schweißnaht liegen soll, so können gleichzeitig mehrere Proben in eine ausreichend große, mit Ätzmittel gefüllte Schale (vorzugsweise aus Kunststoff) gelegt werden. Nach kurzer Zeit entsteht dann auf den Proben ein schwarz-brauner Niederschlag. Reibt man diesen dann mit Watte unter Wasser (Schutzhandschuhe tragen!) kräftig ab, werden die Schweißnähte sichtbar. Anschließend können diese Teile dann in der Werkstatt fertig bearbeitet werden.

6.2 Makroätzmittel für alle Stähle, Nickelwerkstoffe, Kupfer und Kupferlegierungen

Die Adlerlösung ist ein äußerst vielseitiges Ätzmittel für unlegierte, niedriglegierte und hochlegierte Stähle, für Schwarz-Weiß-Verbindungen, Nickelwerkstoffe, Kupfer und Kupferlegierungen. Neben Schweißnähten lassen sich auch hier noch sichtbar machen: Seigerungen, Primärstrukturen, aufgekohlte, abgekohlte, kaltverfestigte und aufgehärtete Zonen sowie grobe Gefügeunterschiede in Gusseisen.

Ätzmittel nach Adler

a) 25 ml destilliertes Wasser
3 g Kupfer(II)-ammoniumchlorid

b) 50 ml konzentrierte Salzsäure (1,19)
15 g Eisen(III)-chlorid

Erst wenn alles gelöst ist, dann Lösung b) in Lösung a) schütten!

Das Ätzmittel kann in großen Mengen auf Vorrat angesetzt werden, indem man die Chemikalienmengen entsprechend vervielfältigt. Es ist sehr lange haltbar, muss jedoch in einer geeigneten Flasche aufbewahrt werden.
Am besten eignen sich dafür dunkel gefärbte Glasflaschen oder säurefeste Kunststoffflaschen.

Ansetzen des Ätzmittels:
Kupfer(II)-ammoniumchlorid und Eisen(III)-chlorid müssen getrennt gelöst werden! Erst wenn beide Teillösungen vollständig klar sind, werden sie zusammengegossen und ergeben dann das gebrauchsfertige Ätzmittel [1], [6].

Beispiele für Ätzungen mit der Adlerlösung zeigen **Bild 39** bis **Bild 51**. Die ganze Schlifffläche muss immer gut mit Ätzmittel bedeckt sein. Dabei Schliff bzw. Probe mit der Schlifffläche nach oben mit einer Ätzzange leicht im Ätzmittel bewegen. Sind alle Einzelheiten klar zu erkennen (Sichtkontrolle beim Ätzen!), wird das Ätzen abgebrochen und die Probe unter fließendem Wasser abgespült. Für das Trocknen gilt dasselbe wie für die Salpetersäureätzung.

Bild 39. Bolzenschweißverbindung: Stift S235J0 (W.-Nr. 1.0116) auf Rohr X12CrMo5 (W.-Nr. 1.7362); Ätzmittel nach Adler (3 : 1).

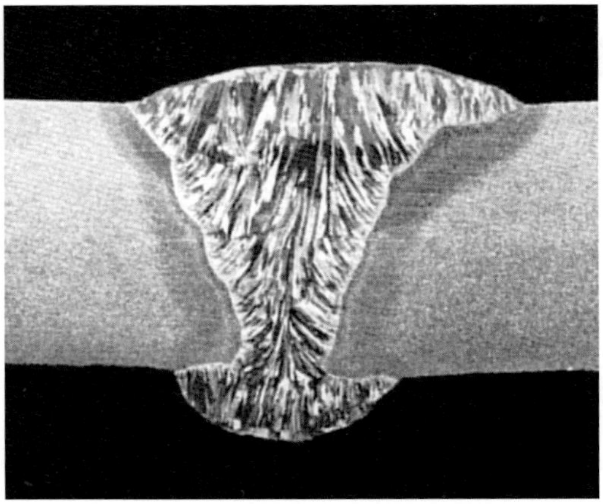

Bild 40. Kaltzäher Nickelstahl X12Ni5 (W.-Nr. 1.5680); lichtbogengeschweißt mit Elektrode NiCr15Nb; Ätzmittel nach Adler (2 : 1).

Während des Ätzens oder vor dem Ätzen ist ein Benetzen des Schliffes mit Wasser nicht zu empfehlen, da es sonst zur Fleckenbildung kommen kann. Auch ein Zwischenabspülen während des Ätzens mit anschließendem Weiterätzen ist zu unterlassen, da es ebenfalls Fleckenbildung verursachen kann.

Bild 41. Querschliff aus einer gegossenen Turbinenschaufel aus G-X25CrNiSi18-9 (W.-Nr. 1.4835); Ätzmittel nach Adler (1 : 1).

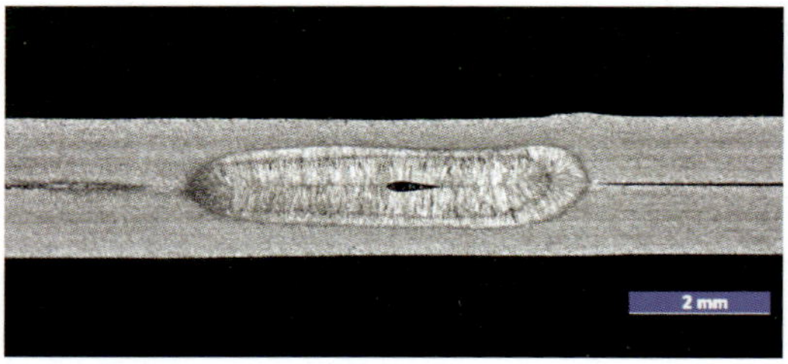

Bild 42. Widerstandspunktschweißung an Chrom-Nickel-Stahl mit ausgeprägtem Mittenlunker; Ätzmittel nach Adler (5 : 1).

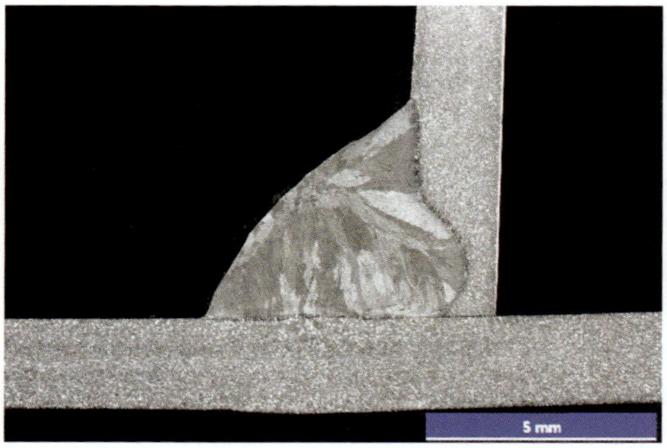

Bild 43. WIG-Schweißung, einlagig, an Chrom-Nickel-Stahl; Ätzmittel nach Adler (2 : 1).

Bild 44. Mehrlagige HV-Naht zwischen Chrom-Nickel-Stahl (links) und S355J2 (rechts) als Schwarz–Weiß-Verbindung; Ätzmittel nach Adler (3 : 1).

Bild 45. Ein- und mehrlagige Kehlnaht an Nickel-Basislegierung; Ätzmittel nach Adler (2 : 1).

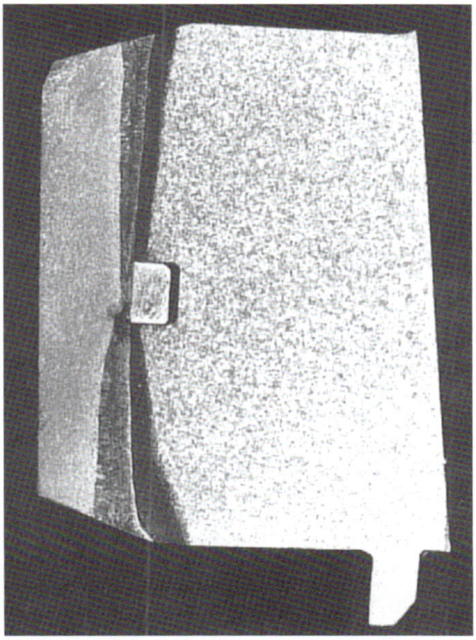

Bild 46. Elektronenstrahlschweißverbindung an einer Turbinenschaufel aus X8CrNiMoVNb16-3 (W.-Nr. 1.4988) mit 17MoV8-4 (W.-Nr. 1.5406); Ätzmittel nach Adler (3 : 1).

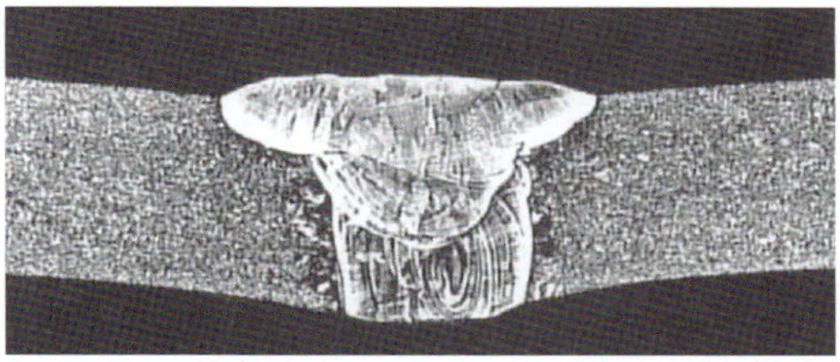

Bild 47. Bleche aus der Nickel-Basislegierung Nimonic, lichtbogengeschweißt mit Nickel-Basislegierung Hastelloy; Ätzmittel nach Adler (2 : 1).

Bild 48. Fehlerhafte Reibschweißverbindung zwischen Chrom-Nickel-Rundstab und Kupferblech, Ätzmittel nach Adler (2 : 1).

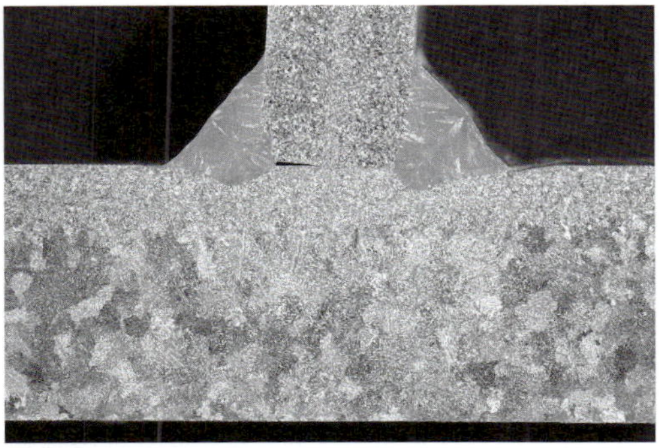

Bild 49. Metall-Schutzgasschweißung zwischen Nickel-Basisgusslegierung (im Bild unten) und Stegblech aus Nickel-Basisknetlegierung, Ätzmittel nach Adler (1 : 1).

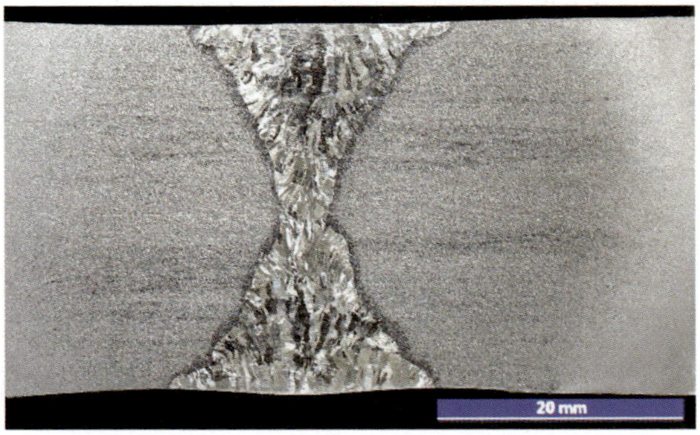

Bild 50. X-Naht, mehrlagig, am kaltzähen Stahl 14Ni9 mit Nickel-Basiszusatz, Ätzmittel nach Adler (1 : 1).

Bild 51. Ferritischer Chromstahl X10Cr24, geschweißt mit austenitischem Chrom-Nickel-Schweißzusatz W.-Nr. 1.4430, Ätzmittel nach Adler (5 : 1).

Bei unlegierten und niedriglegierten Stählen ist der Ätzangriff mit Adlerlösung gröber als bei der 10%igen Salpetersäure oder bei der 10%igen Ammoniumpersulfatlösung. Dieser ist manchmal so stark, dass Fehler vorgetäuscht werden können, wie die Gegenüberstellung der beiden angewendeten Ätzverfahren an derselben Probe in **Bild 52** zeigt. Wenn bei diesen Stählen besonders klare Ätzbilder gewünscht werden, ist deshalb die Ätzung mit alkoholischer Salpetersäure oder mit 10%iger Ammoniumpersulfatlösung vorzuziehen.

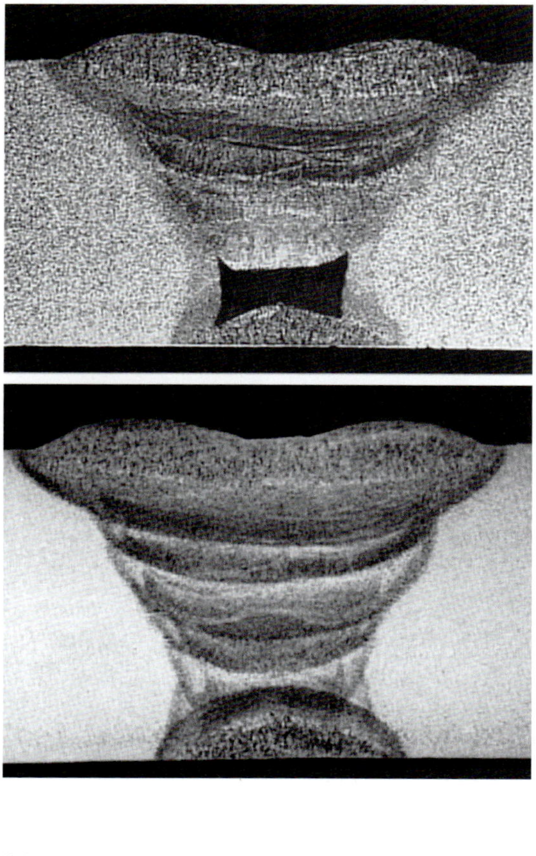

Bild 52 Vergleich einer Adlerätzung (oben) mit einer Salpetersäureätzung (unten) an einer Schweißverbindung an Blechen aus S235JR (St 37/W.-Nr. 1.0038). Die einzelnen Schweißlagen sind oben schlechter zu unterscheiden und der schwarze, überätzte Bereich täuscht einen Fehler vor (2 : 1).

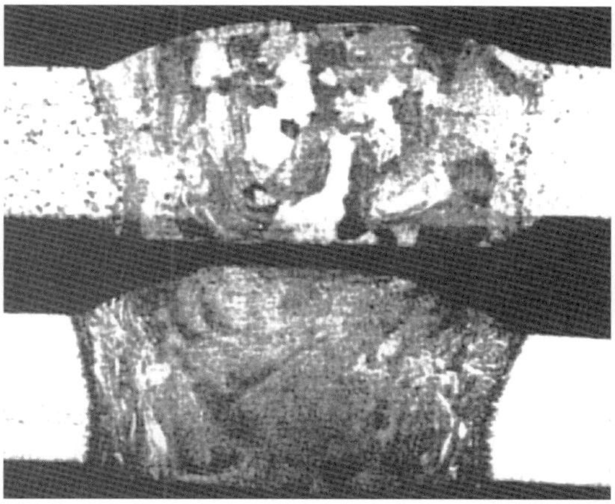

Bild 53. Vergleich einer Ammoniumpersulfatätzung (oben) mit einer Adlerätzung (unten) an Proben aus einer Schweißverbindung an Rohren aus CuNi10Fe1Mn (W.-Nr. 2.8072). In diesem Fall wirkt die Ammoniumpersulfatätzung detaillierter und klarer als die Adlerätzung (2 : 1).

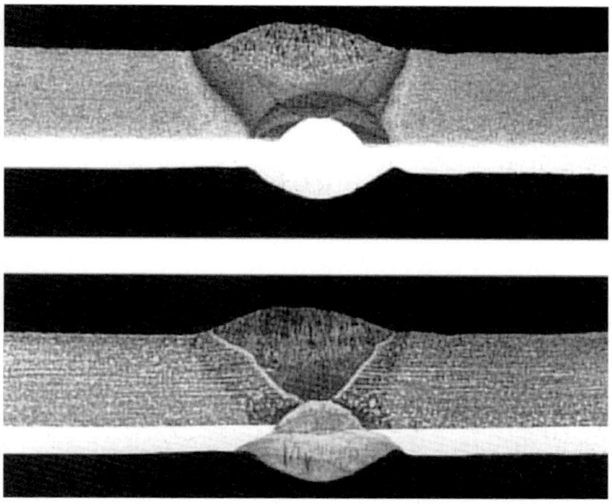

Bild 54. Makroschliff an einer Schweißverbindung aus Kesselblech P265GH (H II/W.-Nr. 1.0425), plattiert mit korrosionsbeständigem Stahl X6CrNiTi18-10 (W.-Nr. 1.4541); oben: geätzt mit 10%iger alkoholischer Salpetersäure, unten: geätzt mit dem Ätzmittel nach Adler. In diesem Fall erhält man mit der Adlerätzung mehr Details an der Schweißverbindung, da sie stärker angreift (2 : 1).

Bild 53 zeigt an zwei Proben aus einer Schweißverbindung an CuNi10Fe1Mn-Rohren den Unterschied zwischen Adler- und Ammoniumpersulfatätzung.

Bei plattierten Stählen und Schweißverbindungen von unlegierten oder niedriglegierten Stählen mit hochlegierten Stählen, Nickelwerkstoffen oder Kupferlegierungen wird die Adlerätzung eingesetzt, weil Ätzungen, bei denen der edlere Werkstoff nicht angegriffen wird, meist nicht zufriedenstellen, **Bild 54.**

Der Ätzvorgang wird jedoch bei der Ätzung nach Adler dadurch beeinträchtigt, da ein elektrochemisches Potential dann zwischen den verschiedenen Werkstoffen entsteht, wenn sie gemeinsam vom Ätzmittel benetzt werden. Hierbei wird der unedlere Teil zur Anode und übt eine schützende Wirkung auf den edleren Teil (Katode) aus. Das führt dazu, dass in der Nachbarschaft der Verbindungszone der edlere Werkstoff geringer oder gar nicht angegriffen wird, der unedlere Werkstoff dagegen oftmals sehr stark.

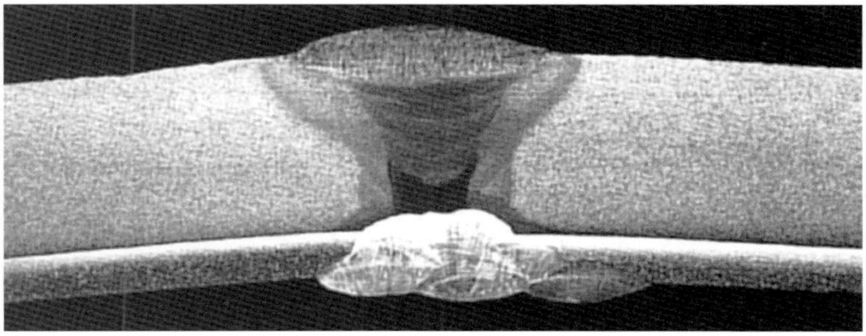

Bild 55 Mit der Adlerlösung geätzte Probe an einer Schweißverbindung aus monelplattierten Kesselblechen. Durch Potentialbildung verursachter, nur schwach angegriffener heller Streifen im Plattierungswerkstoff (2 : 1).

Bei dem mit austenitischem Chrom-Nickel-Stahl plattierten Blech in **Bild 54** ist diese elektrochemische Wirkung im Ätzbild noch nicht zu erkennen. Dagegen zeigt die Adlerätzung der Schweißverbindung an den monelplattierten (Monel = Nickel-Kupfer-Legierung) Kesselblechen in **Bild 55** deutlich einen auf diese Wirkung zurückzuführenden hellen Streifen. Diese Zone muss beim Ätzen von Verbundwerkstoffen mit sehr hohen Potentialunterschieden in Kauf genommen werden.

Wenn beim Ätzen mit der Adlerlösung an plattierten Stählen oder Schweißverbindungen von unlegierten Stählen und schwer angreifbaren Werkstoffen der unlegierte oder gering legierte Stahl sehr dunkel gefärbt wird, bewirkt ein Nachätzen mit 10%iger alkoholischer Salpetersäure häufig eine Aufhellung.

Manchmal werden auch bei hochlegierten korrosionsbeständigen Stählen keine kontrastreichen Ätzbilder gewünscht, zum Beispiel dann, wenn feine Risse noch nach dem Ätzen erkennbar sein sollen. In solchen Fällen kann man es mit Ätzmitteln versuchen, die normalerweise für die mikroskopische Untersuchung dieser Stähle benutzt werden, also für Makroschliffe eigentlich viel zu schwach in ihrem Ätzangriff sind. Die Proben werden hierfür etwa bis Körnung 800 geschliffen und bei Raumtemperatur mit der Schlifffläche nach oben in das Ätzmittel gelegt, wobei ab und zu mit einem Wattebausch (Ätzzange benutzen!) gewischt wird. Man kann so das Fortschreiten des Angriffs beobachten und das Ätzen abbrechen, wenn das Ätzbild das gewünschte Aussehen aufweist.

Für hochlegierte austenitische Stähle eignet sich für diesen Zweck die V2A-Beize, auch Chrom-Nickel-Stahl-Beize nach Goerens genannt [1]:

V2A-Beize*) oder Chrom-Nickel-Stahl-Beize nach Goerens

100 ml destilliertes Wasser
100 ml konzentrierte Salzsäure (1,19)
10 ml konzentrierte Salpetersäure (1,4)
0,3 ml Dr.-Vogels-Sparbeize*)

*) Bezugsquellen oder das fertig angesetzte Ätzmittel, siehe **Anhang**.

Für hochlegierte Chromstähle empfiehlt sich folgende Lösung:

Ätzmittel für hochlegierte Chromstähle nach Weck

39 ml destilliertes Wasser
52 ml konzentrierte Salzsäure (1,19)
9 ml konzentrierte Salpetersäure (1,4)

Sicherheitshinweis:
Beim Ansetzen ist auch hier zu beachten: Erst das Lösungsmittel, dann die Säure! Also mit Wasser beim Ansetzen des Ätzmittels beginnen!

6.3 Makroätzmittel für Aluminium und Aluminiumlegierungen

Das Ätzmittel eignet sich zum Sichtbarmachen von Schweißnähten an Aluminium und Aluminiumlegierungen (**Bild 56** bis **Bild 58**) und zum makroskopischen Bestimmen der Korngröße oder auch der Walzrichtung von Aluminiumblechen.

Aluminium-Makroätzmittel I

100 ml destilliertes Wasser
15 ml konzentrierte Salzsäure (1,19)
10 ml Flusssäure (etwa 40%ig)

Das Ätzmittel ist in der aufgeführten Reihenfolge azunsetzen. Da Flusssäure Glas angreift, sollte die Lösung in einer Flasche aus Kunststoff aufbewahrt werden. Es ist außerdem zu empfehlen, Ätzschalen aus Kunststoff zu benutzen.

Steht kein Kunststoffmesszylinder zum Abmessen der Flusssäuremenge zur Verfügung, kann man im Glaszylinder zuerst einen Teil des destillierten Wassers und darauf die benötigte Flusssäuremenge abmessen, danach den Rest des destillierten Wassers.

Vorsicht beim Umgang mit Flusssäure!
Zum Schutz der Augen sollte eine Schutzbrille getragen werden!

Flusssäurespritzer auf der Haut – wie bei allen Säuren – sind sofort unter fließendem Wasser abzuwaschen. Flusssäure, die nicht rechtzeitig von der Haut entfernt wird, kann in das Fleisch eindringen und bösartige Entzündungen an den Knochen verursachen. Da die Dämpfe des Ätzmittels die Atemwege angreifen (wie bei allen abdampfenden Säuren), soll möglichst unter einem Abzug geätzt werden oder notfalls im Freien unter Ausnutzen der Windrichtung!

Bei Beachtung der Sicherheitshinweise (dies gilt generell für alle Säuren und Laugen) ist dieses Ätzmittel sehr gut für die Makroätzung von Aluminium und seinen Legierungen geeignet, denn es liefert hervorragende Ergebnisse bei unkomplizierter Anwendung.

Für den Praktiker sind flusssäurehaltige Ätzmittel in der Regel immer problematisch. Daher empfiehlt es sich hier, gegebenenfalls das genannte Ätzmittel durch eine 10- bis 20%ige Natronlauge zu ersetzen. Diese liefert etwas weniger klare Kontraste, ist aber für die Praxis durchaus ausreichend und deutlich weniger gefährlich.

Aluminium-Makroätzmittel II

100 ml destilliertes Wasser
10 g NaOH (Plätzchen)

Geschliffen wird mit wenig Druck bis zur Körnung 500. Die Schleifrichtung ist immer wieder zu wechseln. Da das Ätzmittel an der Schliffoberfläche stark reagiert und schäumt, sollte der Schliff im Ätzmittel mit einer Zange gut bewegt werden.

Nach einiger Zeit (je nach Legierung 10 Sekunden bis mehrere Minuten) den Schliff unter Wasser abspülen und, falls das Gefüge noch nicht gut sichtbar ist, sofort weiterätzen. Dieser Vorgang wird so lange wiederholt, bis das Ätzbild klar zu erkennen ist. Anschließend mit Alkohol abspülen und trocknen.

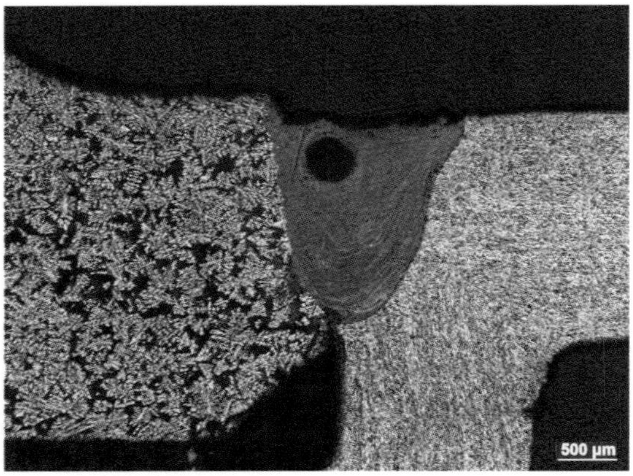

Bild 56. Laserstrahlschweißverbindung zwischen Aluminium-Gusswerkstoff (links) und Aluminium-Strangpressprofil (rechts), geschweißt ohne Schweißzusatz, Pore im oberen Nahtbereich, Aluminium-Makroätzmittel I (3 : 1).

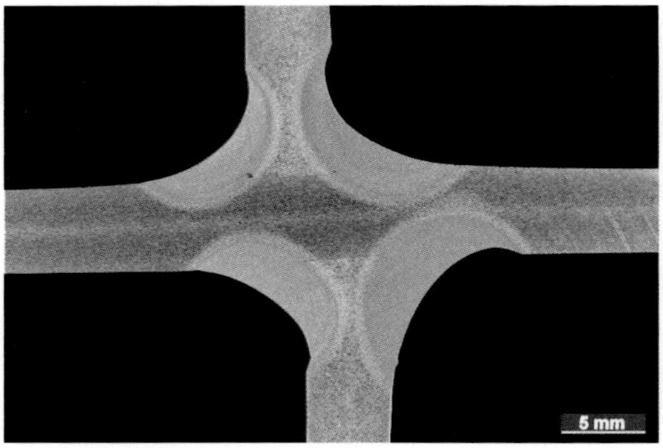

Bild 57. WIG-geschweißte Aluminium-Kreuzprobe an AlMgSi1, geschweißt mit Schweißzusatz S-AlMg5, Aluminium-Makroätzmittel II (1 : 1).

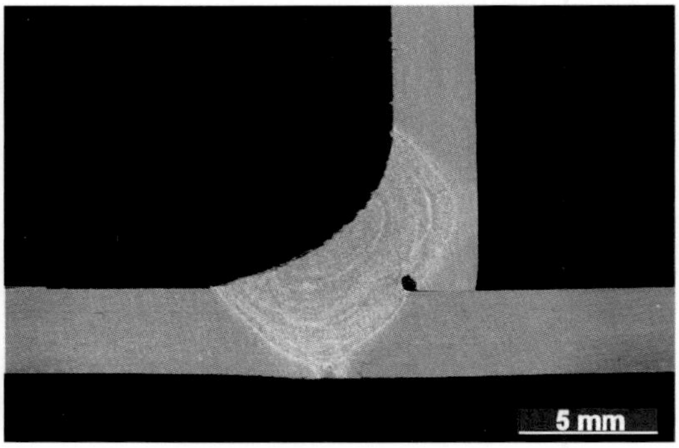

Bild 58. WIG-geschweißte Aluminium-Kehlnaht an AlMg3, geschweißt mit Schweißzusatz S-AlMg4,5Mn, Pore in der Nahtwurzel, Aluminium-Makroätzmittel I (1 . 1).

6.4 Makroätzmittel für Titan und Titanlegierungen

Die genannten Ätzmittel eignen sich zum Sichtbarmachen von Schweißnahtstrukturen und von Walz- bzw. Schmiedestrukturen an Reintitan und den gängigen Titanlegierungen sowie an Titanaluminiden.

Abgeänderte Lösung nach Klemm für Titan-Makroätzungen

80 ml	**destilliertes Wasser (für schwächere Lösungen Wassergehalt erhöhen)**
10 ml	**Flusssäure (etwa 40%ig)**
10 ml	**konzentrierte Schwefelsäure (1,84)**

Ammoniumbifluoridätzung nach Weck für Titan-Makroätzungen

100 ml	**destilliertes Wasser**
10 g	**Ammoniumbifluorid (Ammoniumhydrogenfluorid)**

Da diese Ätzmittel Flusssäure enthalten, sollten nur Kunststoffflaschen und -schalen verwendet werden. Es sind die gleichen Sicherheitshinweise wie bei den Aluminium-Makroätzmitteln zu beachten!

Geschliffen wird bis Körnung 500 oder 1200. Während der Ätzdauer von einigen Minuten die Schlifffläche mit einem Wattebausch, der mit dem jeweiligen Ätzmittel getränkt wurde, leicht abreiben (Ätzzangen benutzen!). Vor dem Trocknen die Probe gründlich unter fließendem Wasser abspülen. Ein Ätzbeispiel an Reintitan zeigt **Bild 59**. Bei zu starkem Ätzangriff schwächere Lösung ansetzen (das heißt: Wassergehalt erhöhen).

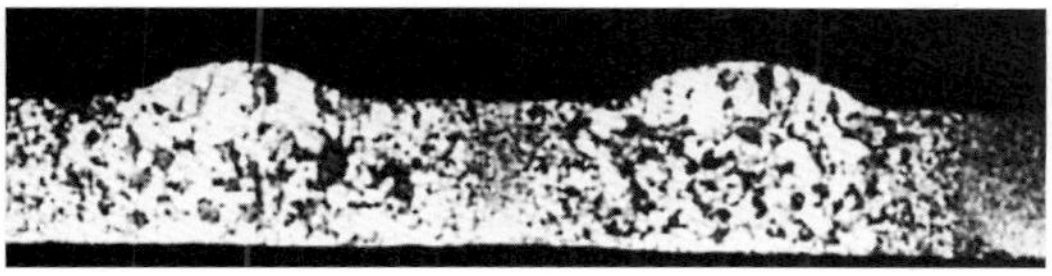

Bild 59. Probeauftragschweißung an einem Blech aus Titan 99,5. In der Schweißnaht sind die groben Kristallite durch orientierungsabhängige „Graufärbung“ (= Aufrauung) deutlich sichtbar; geätzt mit der abgeänderten Ätzlösung nach Klemm für Titan-Makroätzungen (2 : 1).

Bild 60 zeigt das grobkristalline Gefüge eines Schmiedeteils der Legierung TiAl6V4 (W.-Nr. 3.7165), geätzt mit der Ammoniumbifluoridätzung nach Weck für Titan-Makroätzungen.

Eine fehlerhafte Reibschweißung an einem Rohr aus TiAl6V4 (W.-Nr. 3.7165) ist in **Bild 61** dargestellt. Während des Schweißvorgangs hat man als Wurzelschutz ein Kupferrohr unter die Schweißfuge eingelegt. Die Titanlegierung wurde mit der abgeänderten Ätzlösung nach Klemm und das Kupfer nach Abspülen mit Ammoniumpersulfatätzung geätzt.

Bild 60. Schmiedeteil mit großen Kristalliten aus TiAl6V4 (W.-Nr. 3.7165); geätzt mit der Ätzlösung nach Weck (1 : 1).

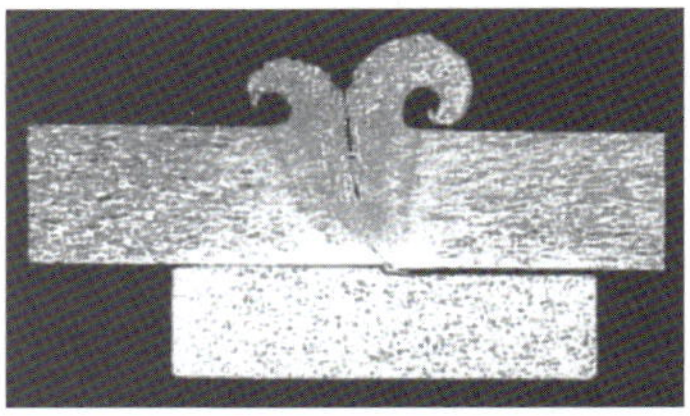

Bild 61. Reibgeschweißter Rohrabschnitt aus TiAl6V4 (W.-Nr. 3.7165) mit Kupferunterlage (im Bild unten) an der Schweißstelle im Inneren des Titanrohres; geätzt mit der Ätzlösung nach Klemm (das TiAl6V4) und der Ammoniumpersulfatätzung (das Kupfer) (2 : 1).

Besonders schwierig wird es immer dann, wenn verschiedene Werkstoffe miteinander kombiniert werden, zum Beispiel in **Bild 62** dargestellt an einer Reibschweißung zwischen Aluminium (links) und Kupfer (rechts). Hier ist es in der Regel nicht möglich, beide Metalle mit einem Ätzmittel zu kontrastieren. Im vorliegenden Fall wurde zuerst der Kupferwerkstoff mit 10%iger Ammoniumpersulfatlösung angeätzt und anschließend der Aluminiumwerkstoff mit 10%iger Natronlauge (Aluminium-Makroätzmittel II).

Bild 62. Reibschweißung an Aluminium mit Kupfer, Doppelätzung: 10%ige Ammoniumpersulfatlösung und 10%ige Natronlauge (2 : 1).

7 Schwefelabdruck nach Baumann

Der Schwefelabdruck nach Baumann ermöglicht den Nachweis der Verteilung von Schwefel im Stahl. Muss an unberuhigten Stählen geschweißt werden (zum Beispiel bei der Reparatur alter Stahlkonstruktionen), die eine Schwefelseigerung in der Bauteilmitte aufweisen, kann man sich anhand eines Schwefelabdruckes über Lage und Ausmaß der geseigerten Kernzone informieren, welche beim Schweißen möglichst nicht angeschmolzen werden soll. Stellt man an Stahlteilen, die durch Stumpfnähte miteinander verbunden werden sollen, solche Seigerungen fest, muss man versuchen, die Nachteile der Seigerungszonen durch geeignete Schweißzusatzwerkstoffe, wie kalkbasische Elektroden, auszugleichen, welche die Nahtflanken nicht zu stark aufschmelzen, den Schwefel aus niedrigschmelzenden Eisensulfiden zu Mangansulfiden abbinden sowie den ebenfalls geseigerten Phosphor in die Schlacke befördern [3].

Vorbereitung der Probe

Schleifen etwa bis zur Körnung 220 bis 320. Hässliche Ränder auf dem Abdruck können durch Entgraten der Probe beim Vorbereiten vermieden werden; dabei die Kanten nicht brechen. Die geschliffene Fläche vor Verunreinigungen schützen und vor allem nicht mit den Fingern berühren, um keine Verfälschungen durch den Handschweiß zu erhalten.

Ausführung

Bromsilberpapier (fotografisches Vergrößerungspapier) 1 bis 2 Minuten in 5%iger wässriger Schwefelsäurelösung tränken. Zum Ansetzen der verdünnten Schwefelsäure kann Leitungswasser benutzt werden.

Sicherheitshinweis:

Sicherheitshinweis:
Erst das Wasser, dann die Säure ansetzen!

Wenn sich die konzentrierte Säure im Wasser löst, entsteht Wärme (Lösungswärme). Nicht hitzebeständige Glasgefäße müssen deshalb beim Lösen gekühlt werden. Die schwach verdünnte Säure schadet der Haut nicht. Säurespritzer an Kleidungsstücken können jedoch das Gewebe zerstören! Das Tragen von Schutzkleidung wird empfohlen.

5%ige wässrige Schwefelsäurelösung

95 ml destilliertes Wasser
5 ml Schwefelsäure conc. (1,84)

Da das fotografische Papier später nicht entwickelt wird, braucht es während des Abdrückens nicht besonders vor Licht geschützt zu werden. Man kann bei Tageslicht oder gewöhnlichem Licht arbeiten. Nur grelles Sonnenlicht ist zu vermeiden, da sich unter seiner Einwirkung die fotografische Schicht doch etwas verfärbt. Besonders gut geeignet sind einseitig beschichtete Bromsilberpapiere, wie sie für Zwecke der fotografischen Dokumentation im Handel erhältlich sind.

Weniger gut geeignet ist Fotopapier auf Kunststoffträgermaterial, da dieses zu dick ist und leichter verrutscht. Ein weiteres Problem ergibt sich dadurch, dass heute fast nur noch digital fotografiert wird und das früher handelsübliche Fotopapier fast völlig vom Markt verschwunden ist.

Wenn das Papier aus der Lösung genommen wird, zieht man es – mit der Schichtseite nach unten – unter der mit leichtem Druck auf den Rand der Chemikalienschale aufgelegten Hand durch, um überflüssige, nicht in die Schicht eingedrungene Säure abzustreifen, **Bild 63**. Dabei empfiehlt es sich, bei dieser Tätigkeit Handschuhe zum Schutz vor der aggressiven Säure zu tragen. Dafür eignen sich entweder Haushaltshandschuhe oder Einweghandschuhe, beispielsweise aus Vinyl.

Bild 63. Abstreifen der überschüssigen Schwefelsäure am fotografischen Papier an der Kante der Chemikalienschale.

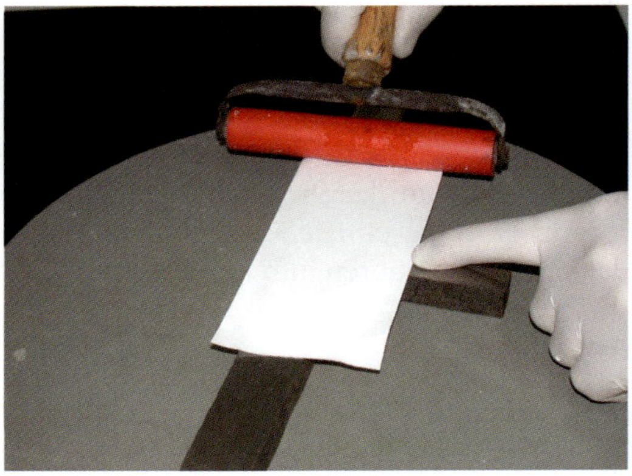

Bild 64. Andrücken des fotografischen Papiers auf der Probenoberfläche beim Schwefelabdruck.

Das so vorbereitete fotografische Papier mit der Schichtseite auf die geschliffene Fläche legen, wobei man mit einem Roller, den man im Fotogeschäft erwerben kann, fest andrückt (**Bild 64**). Papier, das nicht in der beschriebenen Weise von überschüssiger Säure befreit wurde, verrutscht in diesem Augenblick besonders leicht. **Das Papier muss sofort die richtige Lage haben!** Nachpositionieren verursacht unbrauchbare, verwischte Bilder.

Bei besonders großen Proben lassen sich manchmal einige hartnäckige Blasen nicht herausstreichen. Sticht man sie mit einer Nadel an, kann das Gas entweichen, und das Papier liegt wieder glatt auf.

Nach etwa 2 bis 3 Minuten wird das Papier abgehoben, gründlich mit Wasser abgespült und anschließend etwa 3 bis 5 Minuten fixiert. Beim Spülen den Abdruck kräftig mit der Hand unter Wasser abreiben, damit keine Schmutzteilchen auf der Schicht haften bleiben. In frischen Fixierbädern nur kurz (etwa 2 bis 3 Minuten) fixieren und auch in älteren Fixierbädern den Abdruck nicht unnötig lange liegen lassen, da das Bild sonst leicht blass und fleckig wird.

Handelsübliches Fixierbad für Schwarz-Weiß-Positivpapiere verwenden.

Wenn der Schwefelabdruck aufbewahrt werden soll, muss er nach dem Fixieren noch gewässert und anschließend getrocknet werden.

Wirkungsweise

Wenn die mit der verdünnten Schwefelsäure getränkte Schicht des fotografischen Papiers auf die geschliffene Fläche aufgelegt wird, reagiert zuerst die Schwefelsäure mit den in jedem Stahl mehr oder weniger vorhandenen Mangansulfideinschlüssen. Dabei bildet sich Schwefelwasserstoff nach der Gleichung:

$$MnS + H_2SO_4 \rightarrow MnSO_4 + H_2S$$

Mangansulfid + Schwefelsäure → Mangansulfat + Schwefelwasserstoff

Der Schwefelwasserstoff reagiert nun seinerseits mit dem Bromsilber der fotografischen Schicht. Dabei bildet sich Silbersulfid (Schwefelsilber):

$$H_2S + 2\,AgBr \rightarrow Ag_2S + 2\,HBr$$

Schwefelwasserstoff + Bromsilber → Silbersulfid + Bromwasserstoff

Durch das dunkle Silbersulfid wird das fotografische Papier – dem Schwefelgehalt der Probe entsprechend – hellbraun, dunkelbraun oder nahezu schwarz gefärbt. Dadurch ist es möglich, im Schwefelabdruck die Verteilung der Mangansulfideinschlüsse in einem Stahl zu erkennen. Aus sehr dunklen Abdrücken kann auf hohen Schwefelgehalt geschlossen werden, während sehr blasse Abdrücke größere Reinheit anzeigen.

Es muss aber davon abgeraten werden, diese Methode für quantitative Schwefelbestimmungen zu benutzen. Selbst wenn alle Versuchsbedingungen vollständig gleich gehalten werden, können andere Verunreinigungen, besonders Phosphor oder andere Legierungselemente, die Reaktion beeinflussen.

Einem Schwefelabdruck können Schweißfachleute wichtige Hinweise für ihre Arbeit entnehmen. Sie können zum Beispiel feststellen, ob ein beruhigter oder ein unberuhigter, also im Kern geseigerter Stahl vorliegt.

Bild 65 zeigt in der oberen Hälfte einen beruhigt vergossenen, in der unteren Hälfte zwei unberuhigt vergossene, miteinander geschweißte Bleche, wobei die Schweißnaht nahezu keinen Schwefel aufweist.

Bild 66 bis **Bild 68** stellen unberuhigt vergossene Träger- bzw. Blechabschnitte dar, während **Bild 69** einen beruhigt vergossenen Träger mit gleichmäßiger Schwefelverteilung zeigt.

Eine weitere Möglichkeit für die Anwendung des Baumannabdruckes ist die Unterscheidung von Automatenstählen (also Stählen mit deutlich erhöhtem Schwefelanteil zur besseren mechanischen Bearbeitbarkeit) zu üblichen Baustählen. Während übliche Baustähle die in **Bild 65 bis Bild 68** gezeigten Braunfärbungen aufweisen, werden Automatenstähle beim Baumannabdruck ganz schwarz.

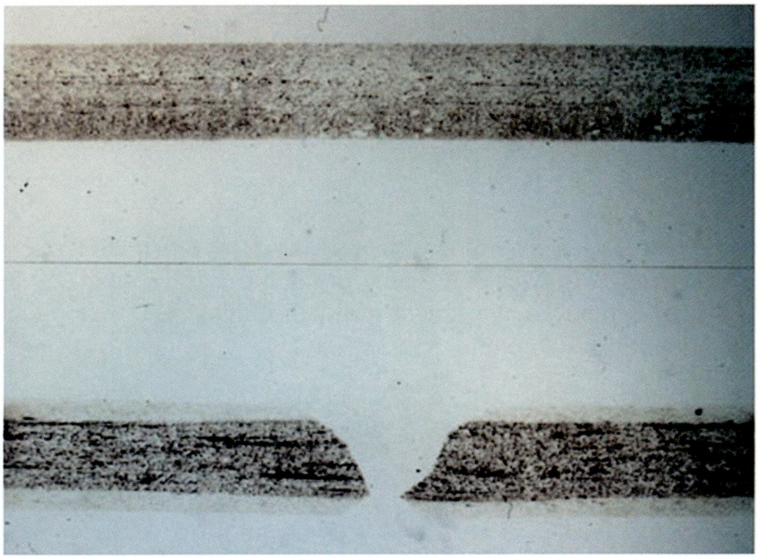

Bild 65. Schwefelabdrücke von beruhigt vergossenem Werkstoff (im Bild oben) und unberuhigt vergossenem Werkstoff, als Stumpfnaht geschweißt (im Bild unten) (1 : 1).

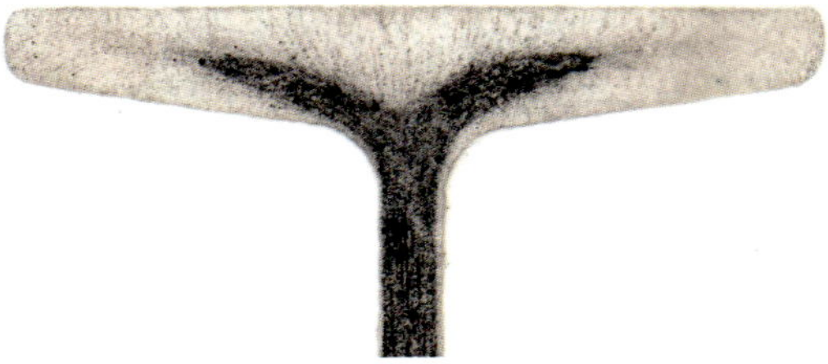

Bild 66. Schwefelabdruck von einem Teil des Querschnittes eines I-Trägers mit Seigerungszone (dunkel) in der Mitte und heller „Speckschicht" = schwefelarme Randzone (1 : 2).

Bild 67. Unberuhigt vergossenes Blech mit Blockseigerung von Schwefel in der Querschnittsmitte (2 : 1).

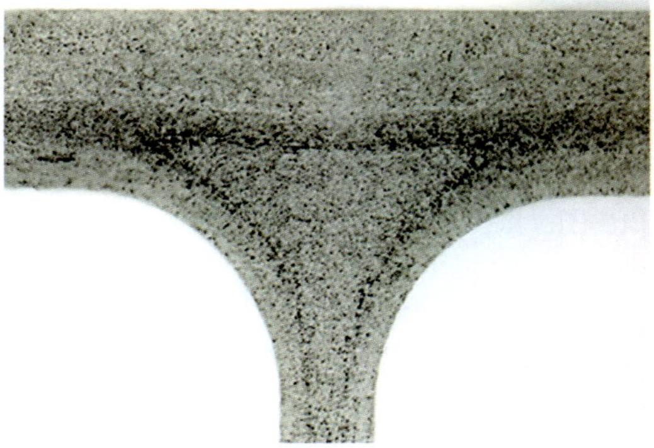

Bild 68. Unberuhigt vergossener Trägerabschnitt mit Blockseigerung von Schwefel in der Querschnittsmitte und breiter Speckschicht im Randbereich (1 : 1).

Bild 69. Schwefelabdruck eines beruhigt vergossenen Trägers mit gleichmäßiger Schwefelverteilung über den Querschnitt (1 : 1).

Stähle mit Schwefelseigerung in der Mitte sind in der Schweißtechnik häufig nicht erwünscht, weil sich durch die Entmischung in der Kernzone neben Schwefel auch noch andere Elemente anreichern, zum Beispiel Kohlenstoff und Mangan. Die Seigerungszone hat deshalb im Gegensatz zur reinen Außenschicht (sogenannte Speckschicht) ein geringeres Formänderungsvermögen und eine schlechte Schweißeignung, was sich besonders ungünstig bei Stumpfstößen auswirkt. Durch Schwefelabdrücke können solche Stähle mit Schwefelseigerung, wie sie des Öfteren bei reparaturbedürftigen alten Stahlkonstruktionen vorkommen, aussortiert werden.

Brennschnitte, die nur schwach abgearbeitet wurden, sind wegen des unvermeidlichen Schwefelabbrandes für Schwefelabdrücke ungeeignet. **Bild 70a** zeigt einen Schwefelabdruck von einer Brennschnittkante. Die sichtbaren Spuren des Brennschnittes waren völlig abgeschliffen. Trotzdem sind im Schwefelabdruck noch die durch den Schwefelabbrand gezeichneten Spuren der Schneidflamme zu erkennen, die erst nach dem vierten Abschleifen völlig verschwunden waren, **Bild 70d**.

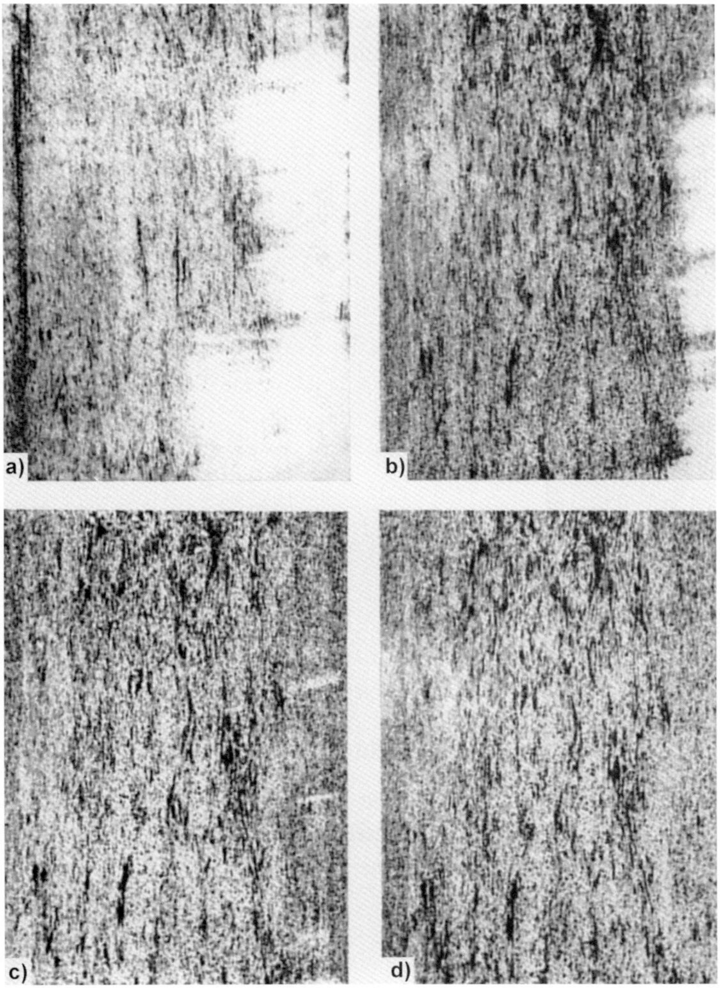

Bild 70. Schwefelabdruck von einer mit dem Schneidbrenner entnommenen Stahlprobe. Obgleich alle sichtbaren Spuren des Brennschnittes abgeschliffen waren, zeigt der Schwefelabdruck in a) noch helle, durch Schwefelabbrand verursachte Stellen. Spuren des Schwefelabbrandes sind noch bei den Abdrücken vom Anschliff in b) und in c) zu erkennen. Erst der Abdruck vom Anschliff in d) ist einwandfrei (1 : 2).

8 Aufnahmetechnik für die fotografische Wiedergabe von Makroschliffen

Makroschliffe haben in der Regel eine raue Oberfläche, zum einen durch das Schleifen und zum anderen durch den relativ starken Ätzangriff (Aufrauung) zur Entwicklung des Makrogefüges. Will man sie fotografieren, gibt senkrecht auf die Schlifffläche auffallendes Licht oft keine gute Detailerkennbarkeit, da dieses Licht durch die Oberflächenrauigkeit von dort in alle Richtungen wegreflektiert wird. Bessere Ergebnisse für die Dokumentation des Makrogefüges sind deshalb meist durch Beleuchtung mit schräg auffallendem Licht zu erzielen.

Hierzu legt man die Probe, je nach Helligkeit der Schlifffläche, auf einen dunklen oder hellen Untergrund (schwarzer oder weißer Untergrund) und beleuchtet sie schräg von oben mit zwei bis vier Fotolampen. Das Beispiel einer Geräteanordnung für fotografische Aufnahmen von Makroschliffen zeigt **Bild 71**. Anstelle einer Kleinbildkamera (wie im Bild) kann auch eine Mittel- oder Großformatkamera benutzt werden. Digital aufgenommene Bilder kann man dann gleich weiterverarbeiten.

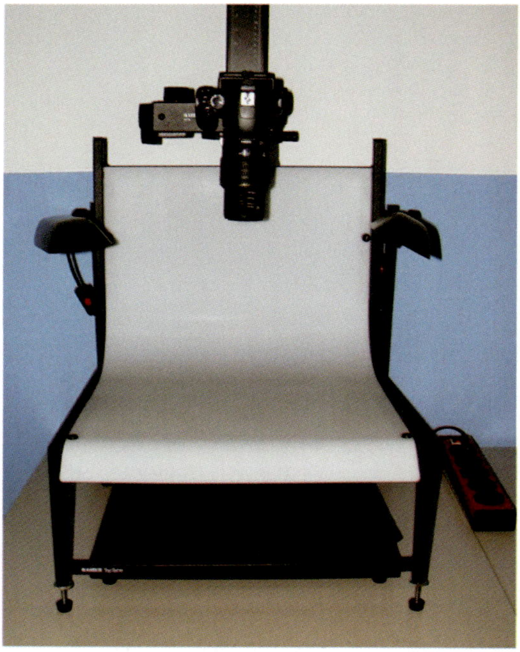

Bild 71. Beispiel einer Geräteanordnung für fotografische Aufnahmen von Makroschliffen mit Schräglicht-Beleuchtung.

Mit den heute verfügbaren Digital- oder Handykameras ist eine fotografische Dokumentation, die man dann gleich in eventuelle Prüfberichte einfügen kann, ebenfalls problemlos möglich und wesentlich weniger aufwändig.

9 Einfache Verwechslungsprüfung – Tüpfelprobe

Bei Herstellung, Lagerung, Versand und Verarbeitung von Werkstoffen lassen sich Verwechslungen trotz sorgfältiger Werkstoffkennzeichnung nicht völlig vermeiden. Es ist daher wichtig, in Zweifelsfällen mit geeigneten Verfahren schnell und möglichst sicher Aufschluss über Werkstoffteile, die der Verwechslung verdächtig sind, zu bekommen. Ein geeignetes Mittel dazu ist die Tüpfelprobe.

Lösung 1 – Tüpfelprobe für Aluminiumlegierungen

Prüfstelle blank schleifen

1 Tropfen 10- bis 20%ige Natronlauge

etwa 30 Sekunden einwirken lassen

- keine Reaktion
  - ↓ kein Aluminium, sondern Magnesium oder Titan oder eine Legierung dieser Werkstoffe (z. B. MgMn2/W.-Nr. 3.5200)
- Reaktion, erkennbar an Gasbläschen
  - ↓ Aluminium oder Aluminiumlegierung
    - nach dem Abspülen mit Wasser heller Fleck
      - ↓ Reinaluminium oder Aluminiumlegierungen, die kein Kupfer, Zink, Silizium in größeren Mengen enthalten (z. B. AlMg5 oder AlMgSi)
    - nach dem Abspülen mit Wasser bleibt schwarzer Belag zurück, der sich aber abwischen lässt
      - ↓ Aluminiumlegierungen, die Kupfer und/oder Zink in größeren Mengen enthalten (z. B. AlCuMg oder AlZn4Mg3)
    - schwarzer Belag, nicht abwischbar
      - ↓ Aluminiumlegierungen mit hohem Siliziumgehalt (z. B. G-AlSi12)

Bei der Tüpfelprobe werden je nach Art des zu prüfenden Metallteiles auf eine frisch angeschliffene, fettfreie Stelle der Oberfläche mit einem Glasstab Säure- oder Laugentropfen aufgebracht. Dabei wird beobachtet, ob die Metalloberfläche angegriffen wird oder nicht, welche Farbe der Tropfen annimmt, wenn er die Metalloberfläche anlöst, oder wie der mit gelöstem Metall angefüllte Tropfen auf andere Chemikalien (Reagenzien) reagiert. Geübte „Tüpfler“ können aus diesen Beobachtungen Schlüsse auf Legierungselemente und Verunreinigungen ziehen und manchmal sogar ungefähre Angaben über die Mengenverhältnisse machen. Die Praxis hat gezeigt, dass viele dieser Verfahren ein erhebliches Maß an Erfahrung und Fingerspitzengefühl erfordern. Da es die Aufgabe dieses Buches ist, einfache, auch für ungeübte Prüfer sichere Verfahren zu erläutern, wurden nur fünf Tüpfelverfahren ausgewählt, die auch ohne Erfahrung zuverlässige Ergebnisse liefern.

Diese Unterscheidung ist besonders in der Schweißtechnik wichtig, da kupferhaltige Aluminiumwerkstoffe beim Schweißen zur Heißrissbildung neigen.

Lösung 2 – Tüpfelprobe für Stahl

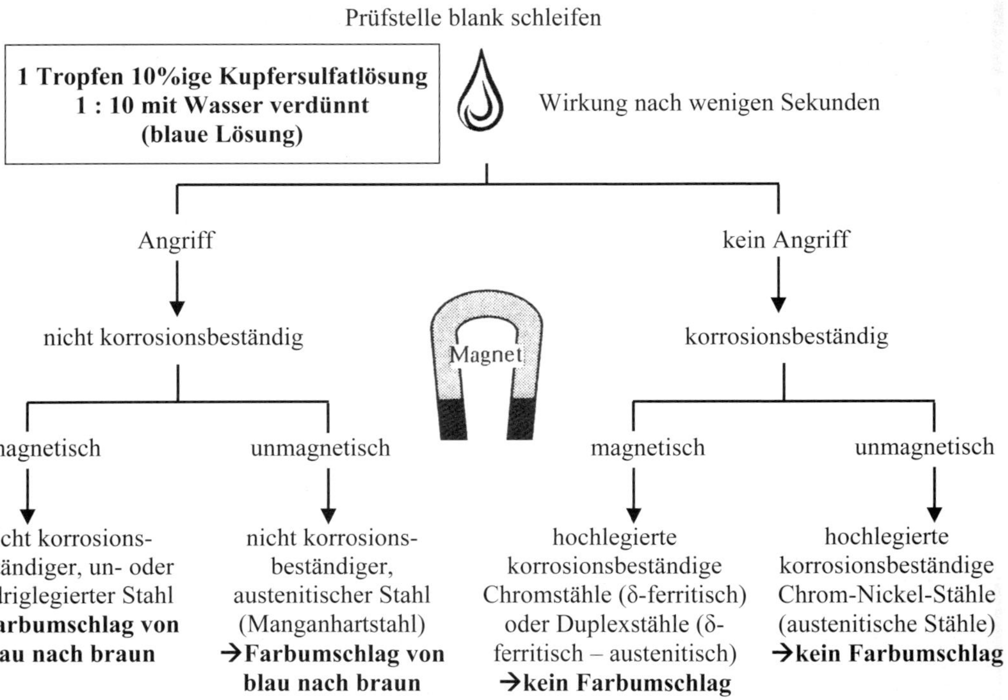

Die nicht korrosionsbeständigen Stähle zeigen nach Benetzen mit Kupfersulfatlösung einen rötlich-braunen Belag (= Farbumschlag von blau nach braun, im **Bild 73** links oben = unlegierter Stahl, unten rechts = Manganhartstahl), während die korrosionsbeständigen Stähle blank bleiben (kein Farbumschlag von blau nach braun, im **Bild 73** oben rechts = austenitischer Chrom-Nickel-Stahl, unten links = ferritischer Chromstahl).

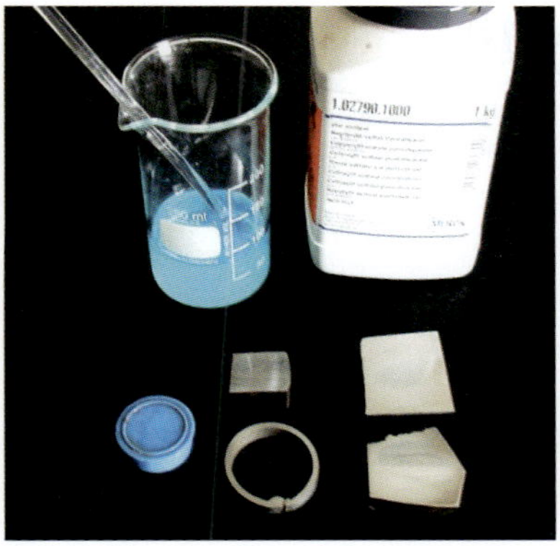

Bild 72. Verschiedene Stahlproben für die Tüpfelprobe vorbereitet (angeschliffen mit SiC-Papier der Körnung 240.

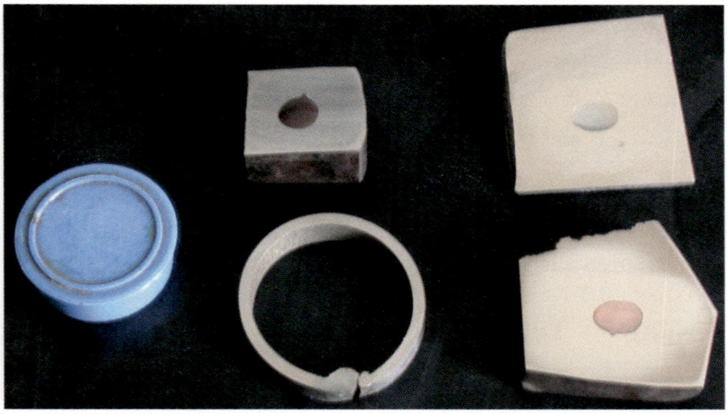

Bild 73. Ergebnis nach der Tüpfelprobe mit Kupfersulfatlösung.

Lösung 3 – Tüpfelprobe für Stahl – Prüfung auf Molybdän bei Chrom-Nickel-Stählen [8]

Lösung:	**2 Teile HNO_3**	**(Salpetersäure)**
	9 Teile HCl	**(Salzsäure)**
	15 Teile H_2O	**(Wasser destilliert)**

Säuretropfen auch nach einigen Minuten unverändert = unter 0,2 % Mo
Säuretropfen nach 2 bis 4 Minuten gelb = 0,2 bis 0,3 % Mo (**Bild 74** oben)
Säuretropfen nach 1 Minute stark gelb bis gelb-braun = > 1% Mo (**Bild 74** unten)

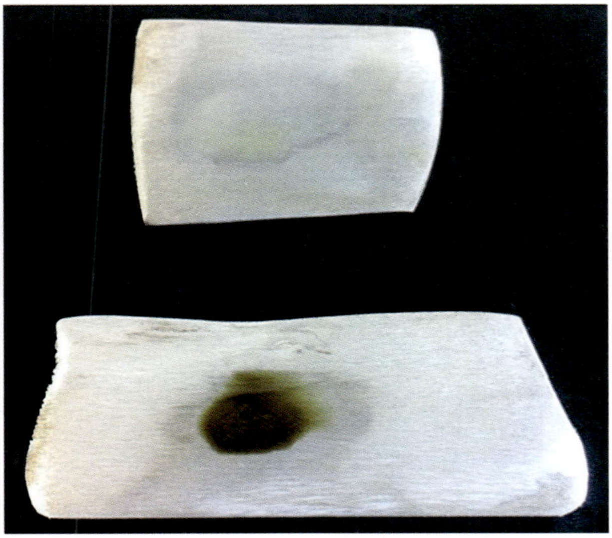

Bild 74. Proben nach der Tüpfelprobe auf Molybdän; oben = W.-Nr. 1.4301 ohne Molybdän (farblos bis leicht gelb), unten = W.-Nr. 1.4404 mit Molybdän (kräftig gelb-braun).

Lösung 4 – Tüpfelprobe für Stahl – Prüfung auf Chrom [2]

Lösung:	**5 Teile HNO_3**	**(Salpetersäure)**
	3 Teile H_2O	**(Wasser destilliert)**

Säuretropfen wird braun, bleibt braun	= unter 0,6 % Cr
Säuretropfen erst bräunlich, dann hellgrün	= 0,6 bis 6,0 % Cr
Säuretropfen auch nach einigen Minuten unverändert	= über 6,0 % Cr

Lösung 5 – Tüpfelprobe für Stahl – Nachweis von Nitrierschichten [9]

Lösung:	**1 Teil Kupferammoniumchlorid**
	9 Teile destilliertes Wasser

Mit Hilfe obiger Tüpfelprobe (Lösung 5) kann man schnell und problemlos feststellen, ob überhaupt eine Nitrierschicht vorhanden und ob diese rissig oder stark porös ist.

Mit Hilfe eines Glasstabes bringt man auf das zu prüfende Bauteil einen Tropfen der 10%igen Kupferammoniumchloridlösung auf. Wenn nach kurzer Zeit (etwa 60 Sekunden) eine rötliche Farbreaktion an dieser Stelle mit dem Tropfen auftritt, so fehlt entweder die Verbindungsschicht oder die Schicht ist stark porös und rissig. Bei nicht erfolgter Farbreaktion ist die Verbindungsschicht vorhanden und relativ dicht. Eine vorhandene Verbindungsschicht wirkt wie eine Sperrschicht. Sie verhindert, dass die Kupferammonium-Komplexverbindung mit dem Eisen des Grundwerkstoffs reagiert und sich eine Eisen-Komplexverbindung und metallisches Kupfer mit der Lösung bildet. Das rötliche Kupfer zeigt dann die Reaktion bei nicht vorhandener oder stark poröser Nitrierschicht an.

Quellenhinweise zu den Tüpfelproben (Lösungen 1 bis 5)

Die Tüpfelreaktionen von Lösung 1 stützen sich auf die Angaben des früher verwendeten Aluminium-Merkblattes W 5, dessen Angaben heute Bestandteil eines Lehrkoffers sind [7]. Die Reaktionen von Lösung 2 zur Unterscheidung verschiedener Stahlsorten beziehen sich auf Unterlagen, deren genaue Herkunft nicht mehr bekannt ist, von E. Kauczor, dem Autor der Erstauflage der Kleinen Metallographie [10]. Die Lösung 3 kann mit Anleitung bei der Schnabel GmbH bezogen werden [8] und die Lösung 4 ist einem Unterrichtsblatt der SLV München entnommen [2]. Lösung 5 wird in der Härtereitechnik häufig angewendet, um nitrierte von nicht nitrierten Bauteilen zu unterscheiden [9].

10 Mobile Härteprüfung an Bauteilen

Für eine einfache Überprüfung der Festigkeit von Stählen, überschlägig mit der Härte nach DIN EN ISO 18265 oder im Verlauf der schweißtechnischen Fertigung, ist außerdem die **Oberflächenhärteprüfung** mit mobilen Systemen eine gute Möglichkeit, die einwandfreie Ausführung der Schweißung zu überprüfen. Hier ist es in erster Linie wichtig, dass der Werkstoff nicht über Gebühr im Bereich der wärmebeeinflussten Zone aufgehärtet ist und dass auch keine kritische Entfestigung vorliegt.

Die Vorbereitung für die mobile Härteprüfung geht so vor sich, dass die Oberfläche angeschliffen wird. Hier genügt allerdings ein sogenannter Makroschliff, also ein Feinschleifen der Oberfläche mit anschließendem Anätzen mit einem Makroätzmittel (wie bereits beschrieben). Dadurch lässt sich leichter lokalisieren, wo geprüft wird.

Für die eigentliche Prüfung gibt es verschiedene Systeme von verschiedenen Herstellern. Es wird dabei ein Prüfkörper in die Oberfläche eingedrückt und mit einem bekannten Vergleichskörper abgeglichen, **Bild 75** bis **Bild 77**.

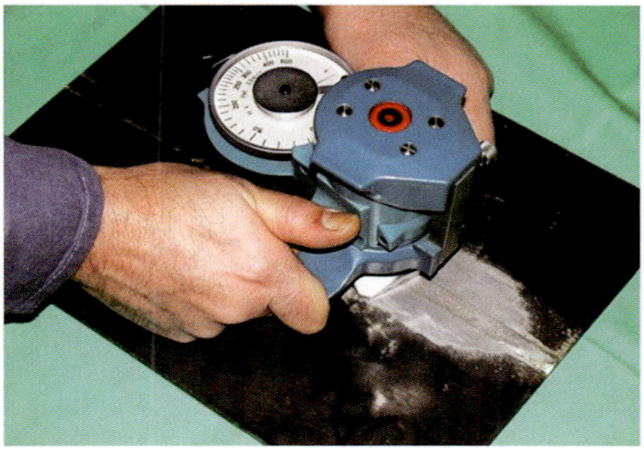

Bild 75. Härteprüfer Eumetron, Prüfung wahlweise HV, HB, HRC oder umgerechnet auf Festigkeit.

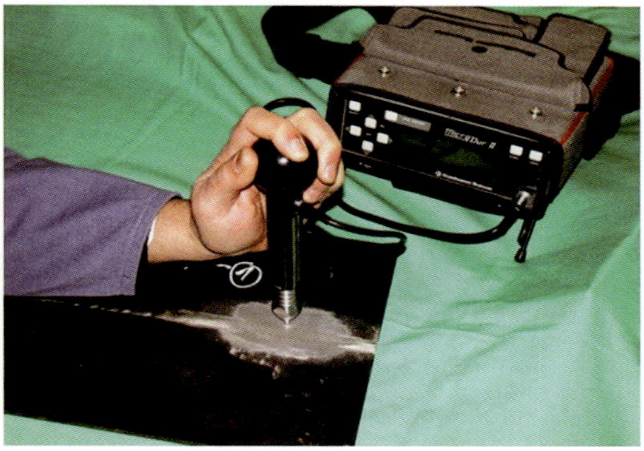

Bild 76. Härteprüfer UCI, Prüfung wahlweise HV, HB oder HRC, Akku betrieben.

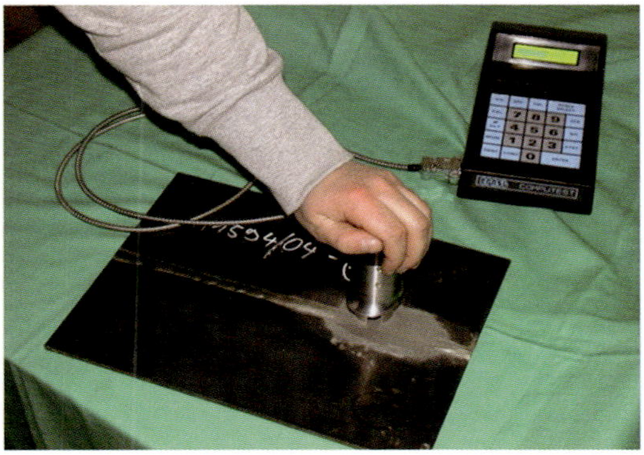

Bild 77. Härteprüfer Computest, Prüfung wahlweise HV, HB oder HRC, Akku betrieben mit Digitalanzeige.

Die mobile Härteprüfung hat den Vorteil, dass die Bauteile – abgesehen von einem Anschleifen der Oberfläche – keine Schädigung erfahren. Es muss allerdings ausdrücklich darauf hingewiesen werden, dass diese Untersuchungen lediglich die Härte **an der Oberfläche** wiedergeben. Wenn beispielsweise aufgrund von Randentkohlungen der Werkstoff im Innern eine höhere Härte aufweist, so wird das dabei nicht erfasst.

Bei den mobilen Härteprüfsystemen sollte man es sich zur Gewohnheit machen, immer mit geeichten Härtevergleichsplatten gegenzuprüfen.

In Streitfällen empfiehlt es sich allerdings, aus der Oberfläche eine kleine Probe zu entnehmen und im Labor genauer zu untersuchen.

11 Chemikalien zum Makroätzen

Die folgende Aufstellung der in der Metallographie verwendeten Chemikalien bietet eine gute Übersicht ihrer Bezeichnungen und ihrer Formeln.

Chemische Bezeichnung	**Formel**
Ammoniumhydrogendifluorid (Ammoniumbifluorid)	$(NH_4)HF_2$
Ammoniumperoxodisulfat oder Ammoniumpersulfat	$(NH_4)_2S_2O_8$
Eisen(III)-chlorid	$FeCl_3 \cdot 6\,H_2O$
Ethylalkohol oder Ethanol oder Äthanol	C_2H_5OH
Flusssäure (etwa 40%ig)	HF, in Wasser gelöst
Kupfer(II)-ammoniumchlorid oder Kupferammonium oder Ammoniumchlorocuprat(II)	$(NH_4)_2[CuCl_4] \cdot 2\,H_2O$
Kupfersulfat	$CuSO_4 \cdot 5\,H_2O$
Natronlauge oder Natriumhydroxid	NaOH
Salpetersäure 1,4	HNO_3
Salzsäure conc. (1,19)	HCl
Schwefelsäure conc. (1,84)	H_2SO_4
Wasser destilliert	H_2O destilliert

12 Arbeits- und Gesundheitsschutz

Die in den einzelnen Kapiteln des Buches gemachten Sicherheitshinweise zum Umgang mit den Makroätzmitteln wie zur Aufbewahrung, Handhabung und Entsorgung werden hier nochmals zusammenfassend wiedergegeben.

- Beim Aushärten der Kalteinbettmittel werden immer Dämpfe frei, die gesundheitsschädlich sein können. Deshalb empfiehlt es sich, diesen Arbeitsschritt unter dem Abzug zu machen.
  Für die verwendeten Einbettmittel sollten immer auch die entsprechenden Sicherheitsdatenblätter vorliegen und auch bekannt sein. Diese sind über den Hersteller erhältlich.
- Aufbewahrungs-, Handhabungs- und Entsorgungsvorschriften für die verwendeten Chemikalien sind den jeweiligen Sicherheitsdatenblättern der Hersteller oder Händler zu entnehmen und diese sind zu beachten!
- Beim Ansetzen von Ätzmittel ist zu beachten: Erst das Lösungsmittel, dann die Säure!
- Gebrauchtes Ätzmittel ist zu entsorgen oder zu vernichten und nicht in das säurebeständige Aufbewahrungsgefäß mit unbenutzter Lösung zurückzugießen!
- Stets Säuren in das Lösungsmittel (Wasser oder Alkohol) gießen, nie umgekehrt!
- Erst das Wasser, dann die Säure ansetzen!
- Vorsicht beim Umgang mit Flusssäure!
  Zum Schutz der Augen sollte eine Schutzbrille getragen werden!
  Flusssäurespritzer auf der Haut – wie bei allen Säuren – sind sofort unter fließendem Wasser abzuwaschen. Flusssäure, die nicht rechtzeitig von der Haut entfernt wird, kann in das Fleisch eindringen und bösartige Entzündungen an den Knochen verursachen. Da die Dämpfe des Ätzmittels die Atemwege angreifen (wie bei allen abdampfenden Säuren), soll möglichst unter einem Abzug geätzt werden oder notfalls im Freien unter Ausnutzen der Windrichtung!
- Die verwendeten Ätzmittel sind entsprechend den zugehörigen Sicherheitsdatenblättern unverwechselbar zu kennzeichnen und unter Verschluss zu halten bzw. vor dem Zugriff durch Unbefugte zu schützen!
- Für die Arbeit mit Chemikalienlösungen sind Gerätschaften und Aufbewahrungsgefäße aus Kunststoff, Keramik und Glas zu verwenden!
  Bei der Arbeit mit Flusssäure ist Glas nicht geeignet! Hier empfiehlt sich säurefester Kunststoff, am besten Teflon oder Ähnliches.
- Restbestände und verbrauchte Ätzmittel sind als Sondermüll zu entsorgen! Am besten ist es, getrennt nach Säure- bzw. Salzlösungsgemischen und Lösungsmittelgemischen zu sammeln, diese auf einen neutralen pH-Wert zu bringen und dann über eine Spezialfirma für Abfallentsorgung beseitigen zu lassen.

- Das Ansetzen der Ätzmittel und das Ätzen erfolgt idealerweise unter dem Abzug. Wenn dies nicht möglich ist, muss für genügend Belüftung gesorgt werden. Dies ist zum Beispiel im Freien der Fall bei normalen Umgebungsbedingungen. Ein Ätzen in geschlossenen Räumen ohne Abzug ist zu vermeiden!
- Personen, die nur zeitweise Labortätigkeiten ausüben, sind durch Fachpersonal ausreichend einzuweisen!
- Zum Schutz von Augen, Haut und Händen sind Schutzbrille, säurefeste Handschuhe und Schutzkleidung zu tragen!
- Beim Hautkontakt mit Chemikalien ist mit ausreichend Wasser zu spülen und unverzüglich ein Hautarzt zu kontaktieren!
  Beim Kontakt mit Flusssäure ist das nicht ausreichend! Hier ist die Kontaktstelle sofort mit einer entsprechenden Salbe (Calciumgluconal-Gel), die im Labor immer gekühlt vorhanden sein muss, zu behandeln und anschließend ist ebenfalls ein Hautarzt zu kontaktieren!

Schrifttum

[1] Petzow, G., und V. Carle: Metallographisches, keramographisches, plastographisches Ätzen. 6. überarbeitete Auflage. Materialkundlich-Technische Reihe 1. Gebrüder Bornträger, Berlin/ Stuttgart 1994.

[2] Weilnhammer, G.: Werkstoffprüfung – Chemische Schnellbestimmung an Stählen, Aluminium- und Magnesiumlegierungen: Tüpfelprobe. Unterrichtsblatt der Schweißtechnischen Lehr- und Versuchsanstalt (SLV) München, München 1997.

[3] Boese, U., D. Werner und H. Wirtz: Das Verhalten der Stähle beim Schweißen, Teil I: Grundlagen. 4., überarbeitete und erweiterte Auflage. Fachbuchreihe Schweißtechnik Band 44/I. DVS Media; Düsseldorf 1995.

[4] Weck, E., und E. Leistner: Metallographische Anleitung zum Farbätzen nach dem Tauchverfahren, Teil I: Farbätzen nach Klemm. 2., überarbeitete Auflage. Fachbuchreihe Schweißtechnik Band 77/I. DVS Media, Düsseldorf 1995.

[5] Weck, E., und E. Leistner: Metallographische Anleitung zum Farbätzen nach dem Tauchverfahren, Teil II: Farbätzmittel nach Beraha und ihre Abwandlungen. Fachbuchreihe Schweißtechnik Band 77/II. DVS Media, Düsseldorf 1983.

[6] Weck, E., und E. Leistner: Metallographische Anleitung zum Farbätzen nach dem Tauchverfahren, Teil III: Nichteisenmetalle, Hartmetalle und Eisenwerkstoffe, Nickel-Basis- und Kobalt-Basis-Legierungen. Fachbuchreihe Schweißtechnik Band 77/III. DVS Media, Düsseldorf 1986.

[7] GDA – Gesamtverband der Aluminiumindustrie e.V.: Aluminium im Überblick (als Inhalt im Lehrkoffer). Düsseldorf 2004 (www.aluinfo.de).

[8] Schnabel, W.: Tüpfelprobe; Edelstahl A2, A3 oder A4, A5? – Ein Tropfen bringt Klarheit! Dipl.-Ing. Winfried Schnabel GmbH, Rosbach 2006 (www.tuepfelprobe.de und www.schnabel-bautechnik.de).

[9] Chatterjee-Fischer, R., und Mitverfasser: Wärmebehandlung von Eisenwerkstoffen. Expert Verlag, Sindelfingen 1986.

[10] Kauczor, E.: Kleine Metallographie – Leitfaden für das Anfertigen von Makroschliffen. Die Schweißtechnische Praxis Band 5. DVS Media GmbH, Düsseldorf 1969.

[11] Weilnhammer, G.: Blick in das Innere von Schweißnähten – Makro- und Mikroschliffe in der Werkstattprüfung und als Dienstleistung von Prüfstellen. Jahrbuch Schweißtechnik 2015, S. 263/75. DVS Media, Düsseldorf 2014.

[12] Weilnhammer, G.: Mobile Bauteilmetallographie und mobile Härteprüfung – eine schnelle Beurteilungsprüfung auf Baustellen. Jahrbuch Schweißtechnik 2016, S. 298/301. DVS Media, Düsseldorf 2015.

Anhang (Bezug von Ätzmitteln)

„Dr.-Vogels-Sparbeize“ kann beispielsweise bezogen werden bei:
– Schmitz Metallographie GmbH: www.metallographiebedarf.de

Die meisten der genannten Ätzmittel können fertig angesetzt bezogen werden bei:
– Struers GmbH: www.struers.de
– ATM GmbH: www.atm-m.de
– Buehler (ITW Test & Measurement GmbH): www.buehler-met.de
– Cloeren Technology GmbH: www.cloeren.de

Dienstag ist DVS-TV Tag.
Nachrichten aus der Welt der Füge-, Trenn- und Beschichtungstechnik.
JEDE WOCHE NEU
Aktuelle News rund um die Füge-, Trenn- und Beschichtungstechnik
DVS-TV® Nachrichten